U0195582

海岛

HAIDAO SHENGTAI ZHISHU HE
FAZHAN ZHISHU PINGJIA ZHIBIAO
TIXI SHEJI YU YANZHENG

生态指数和发展指数
评价指标体系设计与验证

丰爱平　　张志卫◎主编

海洋出版社

2019年·北京

图书在版编目(CIP)数据

海岛生态指数和发展指数评价指标体系设计与验证/丰爱平,张志卫主编. — 北京:海洋出版社,2019.5

ISBN 978-7-5027-9933-5

Ⅰ.①海… Ⅱ.①丰…②张… Ⅲ.岛-生态环境-统计指标体系-体系设计②岛-区域经济发展-统计指标体系-体系设计 Ⅳ.①X821.2②F127

中国版本图书馆 CIP 数据核字(2019)第 052403 号

责任编辑:肖 炜 任 玲
责任印制:赵麟苏

海洋出版社 出版发行

http://www.oceanpress.com.cn

北京市海淀区大慧寺路 8 号 邮编:100081
北京朝阳印刷厂有限责任公司印刷 新华书店北京发行所经销
2019 年 6 月第 1 版 2019 年 6 月第 1 次印刷
开本:787 mm×1092 mm 1/16 印张:15.25
字数:302 千字 定价:128.00 元
发行部:62132549 邮购部:68038093
总编室:62114335 编辑室:62100038
海洋版图书印、装错误可随时退换

本书编委会

主　编：丰爱平　张志卫

编　委（按姓氏音序排序）：

郭灿文　刘建辉　彭洪兵　王　晶　王　娜

吴姗姗　肖　兰　张　峰　张凤成　张宏晔

张琳婷　赵锦霞　郑文炳

前　言

在我国主张管辖海域中，散布着大小万余个海岛，这些海岛不仅是众多物种栖息繁衍和迁徙中转的场所，也是我国经济社会发展的重要战略空间。随着海洋强国、生态文明等重大战略的部署和"一带一路"倡议的实施，如何提高海岛治理水平，在保障海岛生态系统健康的前提下，实现海岛地区蓝色增长，让海岛地区共享发展成果，成为当前及今后一段时期海岛保护与管理的核心任务目标。要实现这一任务目标，首先就要明确一个"标尺"，即海岛生态状况如何、海岛发展水平如何，以便不断改进管理和行动计划。因此，《全国海岛保护工作"十三五"规划》明确提出发布海岛生态指数和发展指数。海岛生态指数是衡量一定时期内某个海岛生态状态的综合评价指数，主要反映海岛生态环境、生态利用与生态管理的情况；海岛发展指数是衡量一定时期某个海岛综合发展状况的评价指数，主要反映海岛经济发展、生态环境、社会民生、文化建设、社区治理总体发展水平。海岛指数的评价与发布，可以更好地让国内外公众了解我国海岛保护、发展成果及存在问题，引导加强海岛生态保护，促进各具特色的海岛生态化开发利用模式的探索和实践，为提高海岛治理水平、实现海岛地区蓝色增长奠定基础。

2016 年，国家海洋局政策法制与岛屿权益司着手组织开展海岛生态指数和发展指数的相关研究工作，并确定了"方法研究—实例验证—常态化发布"的总体路线。在理论研究、实地调研和广泛征求意见的基础上，形成了海岛生态指数和发展指数评价指标体系及方法。基于地方部门填报、海岛监视监测和统计调查、实地核实等手段，开展了 40 个海岛的生态指数评价和30 个海岛的发展指数评价。一方面验证了海岛生态指数与发展指数指标体系的科学性与可行性，具备了"标尺"功能；另一方面反映了评价海岛生态状况、发展水平及其差异，打开了公众了解我国部分海岛生态保护和发展状况的窗口。

报告分上、下两篇，上篇主要是海岛生态指数和发展指数设计、验证及综合评价；下篇是40个海岛的指数评价实例。

报告由自然资源部第一海洋研究所技术牵头，自然资源部海岛研究中心、国家海洋信息中心和国家海洋技术中心等单位共同参与编制。报告编制得到了时任国家海洋局副局长、党组成员房建孟的倾心指导；时任国家海洋局政策法制与岛屿权益司古妩司长、樊祥国副司长，王胜强、赵培剑、胡朝晖、朱志海、刘志军、徐岩、孙晓晖、吕林玲等领导和同志对报告编写倾注了大量心血；沿海省、自治区、市海洋厅（局），原国家海洋局机关各部门及局属单位对指数设计与发布提出了很多好的意见和建议；评价海岛所在省、市、县、乡镇的代表在数据收集、报告完善等方面给予了极大帮助；很多专家学者对指数和报告编制提出了诸多真知灼见，在此一并表示感谢。

"21世纪海上丝绸之路"建设，将散落于海洋中的海岛联系在一起，颗颗明珠闪耀。我们将积极跟踪海岛生态保护和发展的国内外进展，不断完善海岛生态指数和发展指数评估方法体系，真诚欢迎社会各界提出批评和建议，使有关指数成为国内外了解我国海岛保护与发展状况的窗口，成为引领海岛蓝色发展的标尺。

编　者

2018 年 12 月

目　录

上　篇

下 篇

海岛生态指数和发展指数评价指标体系设计与验证

目

录

上　篇

第一章

绪　论

　　海岛是我国国土的重要组成部分，也是重要的生产、生活、生态空间和载体，更是海洋保护与利用的重要支点。每个海岛都构成一个相对独立的小生境，由于面积狭小、地域结构简单、生态系统脆弱、稳定性差，如不注意保护，盲目开发，极易带来严重的生态环境问题。为了贯彻落实党中央、国务院建设海洋强国和推进"21世纪海上丝绸之路"的战略部署，必须持续探索适合海岛的生态保护与发展道路，促进海岛可持续发展。在此背景下，为直观、系统、客观地反映海岛生态和综合发展水平，保护与管理成效及问题，为国家海岛保护管理提供相关参考，提高公众、政府和企事业单位对海岛的关注度和保护海岛的意识，2016年颁布实施的《全国海岛保护工作"十三五"规划》明确提出发布海岛生态指数和发展指数的目标。

　　习近平总书记在视察我国福建平潭综合实验区时指出，城市开发建设要注意保持海岛上原有的田园风光和山水原生态，还要保留海岛上原有的文化、特色建筑和历史街区等。这是对海岛乃至海洋生态文明建设提出的更高要求。海岛的生态保护成效如何反映，海岛的发展成效如何表现，当前我国还没有形成一套相应的指标体系。本篇梳理我国海岛保护与管理现状，借鉴国内外生态环境与发展的相关评价指标和评价方法，提出我国海岛生态指数和发展指数评价方案，开展40个海岛的生态指数和发展指数综合评价，得出了推动基于生态系统的海岛综合管理、"五位一体"均衡发展和管理经验全球共享的结论和建议。

第一节　我国海岛基本情况

　　我国有1.1万余个海岛，总面积约占我国陆地面积的0.8%。海岛分布南北跨越38个纬度，东西跨越17个经度，地处热带、亚热带和温带三个气候带。按照海区划分，东海海岛数量约占我国海岛总数的59%，南海海岛约占30%，渤海和黄海海岛约占11%（图1.1-1）。按离岸距离划分，距离大陆小于10 km的海岛约占海岛总数的57%，距离大陆10~100 km的海岛约占海岛总数的39%，距离大陆大于100 km的海岛约占海岛总数的4%。按是否属于居民户籍管理的住址登记地将海岛分为有居民海岛和无居民海岛，我国有居民海岛约占海岛总数的4%。浙江省拥有海岛数量最多，约占全国海岛总数的36%（图1.1-2）。

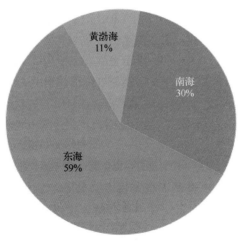

图1.1-1 我国海岛海区分布

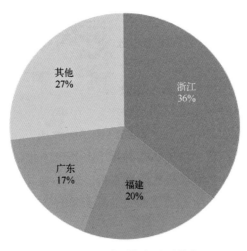

图1.1-2 我国海岛地区分布

全国海岛人口约509万（不包括香港、澳门、台湾地区和海南本岛），其中98.5%居住在市、县、乡中心岛上。2016年，我国12个主要海岛县（区）年末常住总人口约350万；财政总收入约328亿元，比上年增长10%；财政总支出约551亿元，比上年增长近60%；固定资产投资总额达2 086亿元，比上年增长21%；海洋产业总产值为3 048亿元，比上年增长9.99%，形成了以海洋渔业、海洋船舶工业、海洋水产品加工业和海洋旅游业为主的海洋产业体系。这12个主要海岛县（区）的国内生产总值（GDP）增长情况如图1.1-3所示。

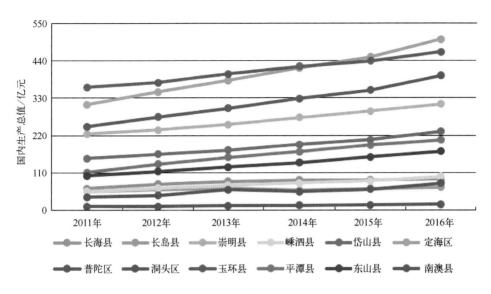

图 1.1-3　2011—2016 年我国主要海岛县(区)国内生产总值(GDP)增长情况

近年来，在《中华人民共和国海岛保护法》(以下简称《海岛保护法》)的引领下，制定出台了《全国海岛保护规划(2012—2020)》及不同层级的海岛保护规划，明确了海岛管理目标、重大政策措施与行动计划；以海岛生态系统保育保全为核心，以提升海岛管理能力、完善法律法规为保障，不断加强人类活动管理，开展了一大批海岛保护与整治修复行动，基本形成基于生态系统的海岛综合管理框架，海岛保护成效彰显，海岛经济社会快速发展。

海岛科学认知不断提高。查清了我国海岛数量、位置与名称，建立了海岛地名信息数据库，完成了 3 647 个海岛名称标志设置。开展了系列海岛科学研究工作，对远岸岛礁、部分红树林、珊瑚礁、鸟类迁徙地海岛等重要海岛的生态系统结构、功能与服务的认知在不断提高；对海岛生物多样性资源和重要的生态栖息地进行了就地保护，开展了 4 个海岛的物种登记试点，丰富了对海岛生物多样性的认知；明确了一批重要的海岛保护对象，为基于生态系统的管理奠定了科学基础。

海岛管理目标进一步明确。《全国海岛保护工作"十三五"规划》的制定使海岛生态文明建设取得新成效，海岛对地区社会经济发展的贡献率进一步提高。符合生态文明要求的海岛治理体系基本形成，提出了生态—经济—社会耦合总体管理目标，包括将10%的海岛纳入国家海岛保护名录，新建 10 个国家级涉岛保护区，培育一批宜居宜游的海岛，创建 100 个"和美海岛"以及提升工业用岛综合效益等，为海岛保护与管理指明了方向。

海岛管理法律法规不断完善。国家及地方共出台包括《无居民海岛开发利用审批办法》在内的《海岛保护法》配套制度和政策 80 余部，涉及海岛开发利用管理、保护管理、规划管理、名称管理和执法监察等方面，极大地保障了《海岛保护法》确立的各项制度

图 1.1-4 《全国海岛保护规划》有关文件

的落实, 提高了用岛生态门槛, 提升了海岛资源管理水平。

海岛生态保护重大行动实施。加强涉岛保护区建设, 已建成涉及海岛的各类保护区 183 个, 涉及海岛 2 264 个, 保护区面积共 35 741 km^2。开展了 171 个海岛的整治修复, 累计投入约 119 亿元, 有效保护了海岛岸线、沙滩、植被、动物、岛体等, 珊瑚礁、红树林等保护效果彰显(图 1.1-6); 大力推进节能环保技术、可再生能源和海水淡化技术在海岛的利用和推广。积极推进"生态岛礁工程"建设, "十三五"期间预计建成 50 个生态岛礁。

图 1.1-5 辽宁省大笔架山整治修复前(左)后(右)对比

加强海岛监测与数据统计, 实施适应性管理。不断推进"星—天—地—船"海岛监视监测体系建设, 建成海岛基础数据库; 2013 年起, 实施了海岛统计调查制度, 开展

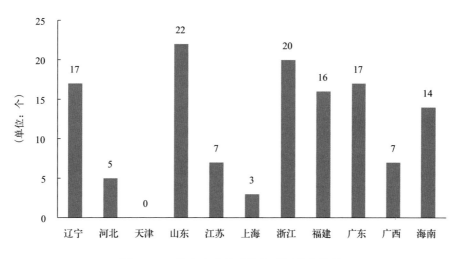

图 1.1-6 海岛生态整治修复项目分布情况

了海岛岸线、植被、开发利用状况、周边水质及经济社会等系列指标的常态化监测与统计调查。根据监视监测和统计调查结果，不断调整管理目标，完善管理政策措施，推进适应性管理。

总体来看，我国基于生态系统的海岛综合管理框架已初步形成，在提高科学认知、明确管理目标、完善法律法规、推进重大行动和实施适应性管理等方面取得了长足的进步。但相关保护与管理的成效如何客观、直观地体现，并总结成效、反映问题，引导海岛生态保护与经济社会的发展，提升海岛适应性管理水平，仍需要深入研究与实践。

第二节　相关评价研究综述及借鉴

近年来，以评估区域环境质量、梳理区域发展成效、指导区域发展战略等为目标，国内外学者在生态环境保护、经济社会发展等方面设计了多个相关的指数，并开展了评价方法研究。这些内容或成为科研机构开展相关研究的基础，或成为相关政府部门制定措施的依据。本节主要总结了其中的海洋健康指数、生态环境状况指数、联合国人类发展指数、中国发展指数和中国海洋发展指数等相关指数的内容，并就其对海岛生态指数与发展指数的借鉴作用进行分析与总结。

一、海洋健康指数

海洋健康指数(Ocean Health Index，OHI)是一项评估海洋为人类提供福祉的能力及其可持续性的综合指标。海洋健康指数揭示了海洋健康的变化及趋势，可以从不同的时间和空间尺度对海洋生态系统健康进行评价和比较，从而促使公众、政府和企业共同努力来改善其中的薄弱环节。2012 年 8 月 16 日，世界顶级学术期刊《自然》刊发了采用该指标体系计算的全球海洋生态系统的评价结果。

1. 框架和评价方法

（1）评价框架。海洋健康指数是通过整合和收集研究数据并进行科学分析而建立起的一套多角度、全面的评估和监测海洋健康的体系，其将多项指数归纳为 10 个目标来评估海洋生态系统的健康状况，包括食物供给、非商业捕捞、天然产品、碳汇、海岸带保护、生计、旅游与度假、物种地区归属感、清洁的水和生物多样性(图 1.2-1 和表 1.2-1)。这 10 个目标在保证数据一致性的基础上，既可以单独评估，也可以在一个地区、国家甚至整个海洋的尺度上进行整体评估与比较。

图 1.2-1　海洋健康指数计算概念框架

表 1.2-1　海洋健康指数 10 个评估目标及其参考点的选取

目标	子目标	参考点
食物供给	渔业	功能函数
	养殖	空间比较

目标	子目标	参考点
非商业捕捞	—	功能函数
天然产品	—	时间比较(历史基点)
碳汇	—	时间比较(历史基点)
海岸带保护	—	时间比较(动态目标)
生计	生计：工作	时间比较(动态目标)
生计	生计：收入	空间比较
生计	经济	时间比较(动态目标)
旅游与度假	—	空间比较
物种地区归属感	标志性物种	已知目标
物种地区归属感	物种持续性	已建立目标
清洁的水		已知目标
生物多样性	生物	时间比较(历史基点)
生物多样性	物种	已知目标

(2)评价模型。海洋健康指数是一个由各评估目标得分(I_1，I_2，$\cdots$，I_{10})和目标权重(α_1，α_2，$\cdots$，α_{10})构成的线性函数，其模型为

$$I = \alpha_1 I_1 + \alpha_2 I_2 + \cdots + \alpha_{10} I_{10} = \sum_{i=1}^{N} \alpha_i I_i \qquad (1.2-1)$$

式中：I为海洋健康指数得分；α_i为各目标权重；I_i为各目标得分，它是由当前状况和近期未来状况共同确定，即：

$$I_i = \frac{x_i + x_{i,F}}{2} \qquad (1.2-2)$$

式中：I_i为目标i得分；x_i为当前状况，$x_{i,F}$为近期未来状况。

当前目标i的状况x_i代表当前值(X_i)同参考值($X_{i,R}$)的比值，取值范围最终限定在$0 \sim 100$，即：

$$x_i = \frac{X_i}{X_{i,R}} \qquad (1.2-3)$$

参考值$X_{i,R}$的确定共有4种方法：①功能函数；②与其他地区比较；③与过去某时比较，该类型时间基点既可以是某固定时间点，也可以是一个动态的时间段；④已知或已建立的目标。根据不同评估目标的概念和数据制约因素来最终确定采用何种方法计算参考值。

近期未来状况 $X_{i,F}$ 是一个包括 3 个方面的参数：归一化到参考值的近期趋势 T_i（即 x_i 相对于参考值的变化）、当前目标总压力 p_i、对负压力的社会和生态响应 r_i。根据这个指标，可以反映未来发展趋势是积极的还是消极的。

$$X_{i,F} = (1 + \delta)^{-1}[1 + \beta T_i + (1 - \beta)(r_i - p_i)]x_i \qquad (1.2 - 4)$$

式中：δ 为贴现率；β 代表趋势对压力和抵抗的相对重要程度。

（3）指标权重。OHI 在进行全球评估时，为了考虑数据的可比性，10 个目标的权重被认为是同等地位的，采用了等权重的分配方式。但同时该系统也提供了不同的权重体系，各目标的权重分为高（0.15）、中（0.1）和低（0.05）3 个档次，以体现不同的价值观（保护主义者、非开发者、开发者）（表 1.2-2）。然而，并非所有的地区都适用于 10 个目标的评估内容或符合典型的价值观，这时权重将被重新分配，例如当地区处于大强度开发时，开发权重将提高到 0.18。

表 1.2-2 不同潜在价值体系下的 10 个目标指标权重

目标	保护主义者	非开发者	开发者	大强度开发
食物供给	0.05	0.15	0.1	0.18
非商业捕捞	0.05	0.15	0.05	0.18
天然产品	0.05	0.15	0.05	0.18
碳汇	0.15	0.05	0.05	0.03
海岸带保护	0.15	0.1	0.1	0.09
生计	0.1	0.15	0.1	0.18
旅游与度假	0.05	0.1	0.15	0.09
物种地区归属感	0.1	0.05	0.15	0.03
清洁的水	0.15	0.05	0.1	0.03
生物多样性	0.15	0.05	0.15	0.03

2. 全球海洋健康评价

运用上述指标框架和评价方法，在美国国家生态学分析与综合研究中心主导下，经多方合作，动用了近 100 个全球数据库对全球海洋健康进行了评价。每个评估目标的状况都被用作计算海洋健康指数的分数，分数通过百分制表示。除了对全球海洋的健康进行评价，也对地区的海洋健康作出评价。海洋健康指数评价除了提供全球性的得分，也对全球 171 个专属经济区进行了打分。

结果显示，全球海洋健康指数总平均分正好为 60 分，这表明全球海洋健康状况差强人意，还有很大的改善空间。从各国的评价得分来看，全球各国海域的得分分值范围在 36~86 分，其中 1/3 低于 50 分，只有 5 个沿海国家得分高于 70 分，得到最低分

36 分的海域位于西非沿海，而最高分 86 分由太平洋上的贾维斯岛海域获得。从不同区域来看，西非、中东和中美洲国家得分较低，部分北欧、加拿大、澳大利亚和热带岛国以及未开发区域得分较高。

首先，整体的指标结果符合预期的单峰分布，所有国家的分数均不超过 86 分，而大多数低于 70 分。"天然产品""碳汇"和"海岸带保护"造成了国家间的分数差异，因为其数值为扁平状分布，且目标分值差异很大；而"食物供给"和"旅游与度假"对指数得分影响最大，因为有关得分通常很低。"旅游与度假"被证实很难由受限制的数据进行模拟，从而导致很多国家的该项得分很低。"生物多样性"指标分数很高，这个结果准确地反映出已知海洋生物面临相对较少的风险，且该项目标的参考价值不在于原始性的种类丰富与否，而是着眼于所有物种种群的稳定。

其次，通过单方面比较，除一些发达国家在渔业管理方面获得成果外，通过野生渔业捕捞和养殖获得的食物供给远小于通过这两种途径能够获得的理论供给量。海岸带保护可以影响很多指标（"碳汇""海岸带保护"和"生物多样性"），同样也会降低很多国家的指数得分。加强对红树林、盐沼、沼泽和海藻床的保护和恢复，能够通过多个方面显著提升海洋健康。更有效和全面的海岸带和物种保护能够直接提高"物种地区归属感"和"生物多样性"方面的得分，间接提高生态承载力。努力改善海岸带民生、环境敏感的沿海城市化区域，提高卫生基础设施水平，将会提高海岸带"生计""旅游与度假"和"清洁的水"方面的得分。

再次，获得相同或相似得分的国家给出了以不同途径获得相同指标得分的实例。例如，美国和英国的分数分别为 63 和 61，但是二者在各分项得分方面存在很大差异。英国在"食物供给"和"天然产品"方面获得高分，而美国在"海岸带保护"和"生计"方面得分更高。贾维斯岛因保护程度很高且很多开采性指标不适用于该岛而获得高分；而德国因在 8 个评估方面表现良好也获得高分。

二、生态环境状况指数

生态环境状况指数是我国生态环境部发布实施的评价生态环境状况的指数。2006年《生态环境状况评价技术规范（试行）》（HJ192—2006）发布，并在一些省份、城市得到应用；修订后，2015 年 3 月 13 日批准实施《生态环境状况评价技术规范》（HJ192—2015）（以下简称《规范》）。《规范》规定了生态环境状况评价指标体系和各指标计算方法，适用于县域、省域和生态区的生态环境状况及变化趋势评价，其中生态区包括生态功能区、城市/城市群和自然保护区。生态功能区包括防风固沙生态功能区、水土保持生态功能区、水源涵养生态功能区和生物多样性维护生态功能区。基于《规范》，生态环境部每年发布《全国生态环境质量报告》，对全国各省、县及部分功能区的生态环境状况进行评价。

1. 生态环境状况指数构成

生态环境状况指数是一系列评价指数，由评价行政区域（国家、省、县）内生态环境状况的指数（EI）和生态区的评价指数组成（表1.2-3），各评价指数在评价指标选取、评价方法的权重侧重、归一化计算及相关系数方面均有所不同。

从生态环境状况指数构成来看，一系列指数的提出层次清晰，既考虑到环境管理状况的需要，提出基于行政区的环境状况评价指数和方法，也考虑到基于生态系统的管理需求，从功能区的角度提出了评价指数和方法，可以全面反映我国不同的生态环境状况。同时，功能区的状况评价与《全国生态功能区划》《全国生态脆弱区保护规划纲要》等环境保护规划、区划相衔接，具有管理的系统性和一致性。

表 1.2-3　生态环境状况指数的构成

评价内容	指数名称	英文名称	简称	指数含义
国家、省、县生态状况评价	1　生态环境状况指数	Ecological index	EI	评价区域生态环境质量状况，数值范围0~100
生态区生态状况评价	2　生态功能区生态功能状况指数	Ecological index in ecological function area	FEI	评价以提供生态产品为主体功能的地区的生态环境和生态功能状况，数值范围0~100
	2.1　防风固沙生态功能区状况指数	—	FEI_{FFGS}	评价以防风固沙为主体功能的地区的生态环境和生态功能状况，数值范围0~100
	2.2　水土保持生态功能区状况指数	—	FEI_{STBC}	评价以水土保持为主体功能的地区的生态环境和生态功能状况，数值范围0~100
	2.3　水源涵养生态功能区状况指数	—	FEI_{SYHY}	评价以水源涵养为主体功能的地区的生态环境和生态功能状况，数值范围0~100
	2.4　生物多样性维护生态功能区状况指数	—	FEI_{SWDYX}	评价以生物多样性维护为主体功能的地区的生态环境和生态功能状况，数值范围0~100
	3　城市生态环境状况指数	City ecological index	CEI	评价城市或城市群的生态环境质量状况，数值范围0~100
	4　自然保护区生态环境保护状况指数	Ecological protect index in nature reserve	NEI	评价自然保护区生态环境保护状况，数值范围0~100

2. 生态环境状况评估技术流程

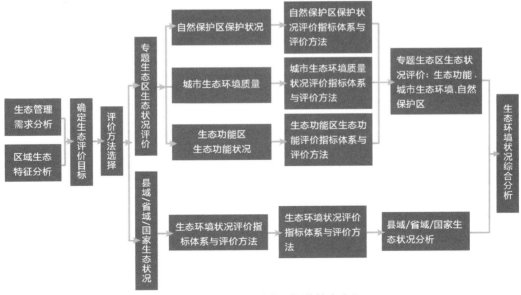

图 1.2-2　生态环境状况评估技术流程

3. 生态环境状况评价指标体系

表 1.2-4 至表 1.2-9 是生态环境状况评价各指数的指标体系。《规范》给出了详细的综合指数计算方法、各指标的含义及计算方法、各指标均一化系数；指标的选取具有典型性及数据可获取等特点，部分指数与环境监测内容相衔接。

1）生态环境状况指数（EI）

生态环境状况指数（EI）反映区域生态环境的整体状态，适用于国家、省域、县域的生态环境状况评价，指标体系中的一级指标包括生物丰度指数、植被覆盖指数、水网密度指数、土地胁迫指数、污染负荷指数以及环境限制指数，前 5 个一级指标分别反映被评价区域内生物的丰贫、植被覆盖水平的高低、水的丰富程度、遭受的胁迫强度、承载的污染物压力；环境限制指数是约束性指标，指根据区域内出现的严重影响人居生产生活安全的生态破坏和环境污染事项对生态环境状况进行限制和调节。

表 1.2-4　生态环境状况指数（EI）评价指标体系

一级指标	二级指标
生物丰度指数	生物多样性指数
	生境质量指数
植被覆盖指数	NDVI 区域均值
水网密度指数	河流长度
	水域面积
	水资源量

13

一级指标	二级指标
土地胁迫指数	侵蚀/利用程度
污染负荷指数	COD 排放量
	氨氮排放量
	SO$_2$ 排放量
	烟(粉)尘排放量
	氮氧化物排放量
	固体废物丢弃量
环境限制指数	突发环境事件
	生态破坏环境污染

2)生态功能区生态功能状况指数(FEI)

利用生态功能区生态功能状况指数(FEI)评价生态功能区生态功能的状况,采用三级指标体系,包括 3 个一级指标、5 个二级指标和 12 个三级指标。3 个指标包括生态状况指标、环境状况指标和生态功能调节指标。生态状况指标包括生态功能指数、生态结构指数和生态胁迫指数,反映生态功能区的功能、结构和压力;环境状况指标包括污染负荷指数和环境质量指数,反映生态功能区的污染负荷压力和环境质量状况。生态功能指数、生态结构指数和生态胁迫指数根据各类功能区功能特点而选择能够反映功能区特征的指标。生态功能调节指标指通过遥感监测生态功能区内重要生态类型变化和人为因素引发的突发环境事件对区域生态功能状况进行调节。具有多种功能特征的生态功能区评价以主导功能为主,选择相应的评价方法。防风固沙生态功能区、水土保持生态功能区、水源涵养生态功能区和生物多样性维护生态功能区的评价指标体系见表 1.2-5 至表 1.2-8。

表 1.2-5　防风固沙生态功能区状况指数(FEI$_{FFGS}$)评价指标体系

一级指标	二级指标	三级指标
生态状况指标	生态功能指数	植被覆盖指数
		受保护区域面积比
	生态结构指数	林地、草地覆盖率
		水域湿地面积比
	生态胁迫指数	耕地和建设用地面积比
		沙化土地面积比
环境状况指标	污染负荷指数	主要污染物排放强度
		污染源排放达标率
		城镇污水集中处理率
	环境质量指数	水质达标率
		空气质量达标率
		集中式饮用水源地水质达标率
生态功能调节指标		

海岛生态指数和发展指数评价指标体系设计与验证

表 1.2-6　水土保持生态功能区状况指数（FEI$_{STBC}$）评价指标体系

一级指标	二级指标	三级指标
生态状况指标	生态功能指数	植被覆盖指数
		受保护区域面积比
	生态结构指数	林地、草地覆盖率
		水域湿地面积比
	生态胁迫指数	耕地和建设用地面积比
		中度及以上土壤侵蚀面积所占比例
环境状况指标	污染负荷指数	主要污染物排放强度
		污染源排放达标率
		城镇污水集中处理率
	环境质量指数	水质达标率
		空气质量达标率
		集中式饮用水源地水质达标率

生态功能调节指标

表 1.2-7　水源涵养生态功能区状况指数（FEI$_{SYHY}$）评价指标体系

一级指标	二级指标	三级指标
生态状况指标	生态功能指数	水源涵养指数
		受保护区域面积比
	生态结构指数	林地覆盖率
		草地覆盖率
		水域湿地面积比
	生态胁迫指数	耕地和建设用地面积比
环境状况指标	污染负荷指数	主要污染物排放强度
		污染源排放达标率
		城镇污水集中处理率
	环境质量指数	水质达标率
		空气质量达标率
		集中式饮用水源地水质达标率

生态功能调节指标

表 1.2-8　生物多样性维护生态功能区状况指数（FEI$_{SWDYX}$）评价指标体系

一级指标	二级指标	三级指标
生态状况指标	生态功能指数	生物丰度指数
		受保护区域面积比
	生态结构指数	林地覆盖率
		草地覆盖率
	生态胁迫指数	水域湿地面积比
		耕地和建设用地面积比

一级指标	二级指标	三级指标
环境状况指标	污染负荷指数	主要污染物排放强度
		污染源排放达标率
		城镇污水集中处理率
	环境质量指数	水质达标率
		空气质量达标率
		集中式饮用水源地水质达标率
生态功能调节指标		

3)城市生态环境状况指数(CEI)

利用城市生态环境状况指数(CEI)评价城市生态环境的质量状况,评价指标以生态环境质量为核心,采用二级指标体系,包括 3 个一级指标、18 个二级指标,从环境质量、污染负荷和生态建设三个方面反映城市发展过程中环境质量状况、收纳的污染压力和生态环境状况。

表 1.2-9　城市生态环境状况指数(CEI)评价指标体系

一级指标	二级指标
环境质量指数	空气质量达标率
	水质达标率
	集中式饮用水源地水质达标率
	区域环境噪声平均值
	交通干线噪声平均值
	城市热岛比例指数
污染负荷指数	COD 排放强度
	氨氮排放强度
	SO_2 排放强度
	烟(粉)尘排放强度
	氮氧化物排放强度
	固体废物排放强度
	总氮等其他污染物排放强度
生态建设指数	生态用地比例
	绿地覆盖率
	环保投资占国内生产总值比例
	城镇污水集中处理率
	城市垃圾无害化处理率

4)自然保护区生态环境保护状况指数(NEI)

自然保护区生态环境保护状况评价,是利用综合指数评价自然保护区生态保护状况。根据我国自然保护区特征,从面积适宜性、外来物种入侵度、生境质量和开发干扰程度 4 个方面建立自然保护区生态环境保护状况评价指标体系。面积适宜性指数反映自然保护区功能区划的合理程度。外来物种入侵指数反映自然保护区受到外来入侵物种干扰的程度。生境质量指数反映自然保护区生境类型对主要保护对象的适宜程度。开发干扰指数反映人类生产、生活对自然保护区造成的干扰程度。该方法也适用于与自然保护区重叠的国家公园、风景名胜区等生态区的评价。

三、联合国人类发展指数

1. 背景

人类发展指数(Human Development Index,HDI)是由联合国开发计划署在《1990 年人文发展报告》中提出的,用以衡量联合国各成员国经济社会发展水平。人类发展指数从动态上对人类发展状况进行了反映,揭示了一个国家的优先发展项,为世界各国尤其是发展中国家制定发展政策提供一定依据,从而有助于挖掘一国经济发展的潜力。通过分解人类发展指数,可以发现社会发展中的薄弱环节,为经济与社会发展提供预警。

2. 指标体系

人类发展指数是测算人类发展水平的概要指标,它衡量了一个国家在人类发展的 3 个基础方面的发展水平,并设置了每个指标的最小值和最大值。这 3 个方面包括:

(1)健康状况,以出生时预期寿命来衡量。出生时预期寿命:25~85 岁。

(2)受教育程度,包括两个分指标:平均学校教育年数、预期学校教育年数。

成人受教育的比率:0~100%;为 15 岁以上识字者占 15 岁以上人口比率。

各级教育入学率:0~100%;指学生人数占 6~21 岁人口比率(依各国教育系统的差异而有所不同)。

(3)生活标准,以人均国民收入衡量。

实际人均国内生产总值(购买力平价美元):100~40 000 美元。

3. 计算方法

2010 年以后采用以下计算方法计算各指数。算式中,"0"代表最小值。

预期寿命指数(LEI) = (LE-20)/(83.2-20)

平均学校教育年数指数(MYSI) = (MYS-0)/(13.2-0)

预期学校教育年数指数(EYSI) = (EYS-0)/(20.6-0)

教育指数(EI) = $[\sqrt{MYSI \times EYSI} - 0]/(0.951-0)$

收入指数(II) = $[\ln(GNIpc) - \ln163]/[\ln108211 - \ln163]$

式中：LE 为预期寿命；MYS 为平均学校教育年数（一个大于或等于 25 岁的人在学校接受教育的年数）；EYS 为预期学校教育年数（一个 5 岁的儿童一生将要接受教育的年数）；GNIpc 为人均国民收入。

HDI ＝（预期寿命指数 ＋ 教育指数 ＋ 收入指数）/3

4. 结果形式

2014 年人类发展指数排名中，前 10 位的国家依次是：

第 1 位，挪威 0.944；

第 2 位，澳大利亚 0.933；

第 3 位，瑞士 0.917；

第 4 位，荷兰 0.915；

第 5 位，美国 0.914；

第 6 位，德国 0.911；

第 7 位，新西兰 0.910；

第 8 位，加拿大 0.902；

第 9 位，新加坡 0.901；

第 10 位，丹麦 0.900。

中国排名第 91 位，指数值为 0.719。

人类发展指数有两条优点：一是数据获取容易，认为对一个国家福利的全面评价应着眼于人类发展而不仅是经济状况，计算较容易，比较方法简单；二是可适用于不同的群体，可通过调整反映收入分配、性别差异、地域分布、少数民族之间的差异。人类发展指数从测度人文发展水平入手，反映一个社会的进步程度，为人们评价社会发展提供了一种新的思路。

四、中国发展指数

1. 背景

国家发展与改革委员会、中国发展网和北京市博士爱心基金会发布《2015 中国发展指数报告》，在充分研究与总结国内外发展相关理论与实践成果的基础上，以"五大发展"理念为依托，结合我国发展现实，以精炼的评价体系与合理的结构来测度中国发展状况，监测我国发展进程。

2. 指标体系

中国发展指数评价指标体系设 5 个一级指标。

（1）创新发展指数。其包括 3 个二级指标和 96 个三级指标。中国创新发展指数评价指标体系反映国家创新活动所依赖的外部软、硬件环境，反映国家开展创新活动所产生的效果和影响，体现企业创新活动的强度、效率和产业技术水平。

（2）协调发展指数。中国协调发展指数评价指标体系由协调环境、协调产出及企业协调 3 个二级指标及 330 个三级指标构成，可较为全面地反映我国协调发展的状况。指标体系的建立是进行预测或评价研究的前提和基础，它是将抽象的研究对象按照其本质属性和特征中的某一方面的标志分解成为具有行为化、可操作化的结构，并对指标体系中每一构成元素（即指标）赋予相应权重的过程。

（3）绿色发展指数。中国绿色发展指数评价指标体系是通过计算绿色总指数来反映我国绿色总体发展情况，通过计算分领域指数充分体现我国在政府政策支持度、经济增长绿化度和资源环境承载潜力等 3 个领域的发展情况，最终反映构成绿色能力各方面的具体发展情况。根据现有统计制度规定的调查参量和数据可得性，选取了 3 项二级指标和 96 项三级指标。

（4）开放发展指数。中国开放发展指数评价指标体系包括开放环境、开放绩效及开放企业 3 个二级指标和 78 个三级指标。其中，开放环境反映中国开放活动所依赖的外部软、硬件环境，是衡量国家开放投入的重要依据；开放绩效反映国家开展开放活动所产生的效果和影响，是衡量中国开放发展程度的重要内容；开放企业反映企业开放活动的强度、效率和产业技术水平，是衡量中国营造开放环境能力的重要指标。

（5）共享发展指数。中国共享发展指数评价指标体系分为 3 个层次：第一个层次用以反映我国共享总体发展情况，通过计算共享总指数实现；第二个层次反映我国在共享环境、共享绩效和知识共享 3 个领域的发展情况，通过计算分领域指数实现；第三个层次用以反映构成共享能力各方面的具体发展情况，上述 3 个领域共选取 96 个评价指标。

3. 结果形式

《2015 中国发展指数报告》从创新、协调、绿色、开放、共享 5 个横向评价指标出发，运用对权威数据的大数据分析，对全国 31 个省、自治区、直辖市和 100 个地级城市、100 个县级城市的海量数据进行筛选、分类，根据国家、省际和城市三大维度计算了指标及排名。

五、中国海洋发展指数

中国海洋发展指数（China Ocean Development Index，ODI）是反映中国海洋经济和海洋事业整体发展的综合性指数，由经济发展、社会民生、资源支撑、环境生态、科技创新和管理保障 6 个方面组成。中国海洋发展指数以 2010 年为基期，基期指数设定为 100。

1. 指标体系

中国海洋发展指数评价指标体系由 35 个指标组成，数据主要来源于原国家海洋局、国家统计局和相关行业主管部门（表 1.2-10）。

表 1.2-10 中国海洋发展指数（ODI）评价指标体系

一级指标	二级指标	三级指标	单位
经济发展（A_1）	经济增长（B_1）	海洋生产总值占国内生产总值比重（C_1）	%
		海洋生产总值增长速度（C_2）	%
	结构优化（B_2）	海洋第三产业增加值占海洋生产总值比重（C_3）	%
		海洋新兴产业增加值占海洋生产总值比重（C_4）	%
	发展质量（B_3）	海洋劳动生产率（C_5）	万元/人
社会民生（A_2）	就业与收入（B_4）	涉海就业人员数（C_6）	万人
		沿海城市城镇居民人均可支配收入（C_7）	元
		沿海地区渔民人均纯收入（C_8）	元
	生活质量提升（B_5）	人均海洋水产品供应量（C_9）	千克
		滨海国内旅游人数（C_{10}）	万人次
	教育水平（B_6）	接受大专及以上学历教育的海洋专业在校生数量（C_{11}）	人
		海洋科普与海洋意识教育基地数量（C_{12}）	个
资源支撑（A_3）	空间资源（B_7）	近岸海域利用率（C_{13}）	%
	生物资源（B_8）	近海海水养殖及捕捞产量（C_{14}）	吨
		海洋药物和生物制品业增加值（C_{15}）	亿元
	矿产资源（B_9）	海洋油气产量（C_{16}）	万吨
		海滨砂矿开采量（C_{17}）	万吨
	可再生资源（B_{10}）	海水利用业增加值（C_{18}）	亿元
		海洋可再生能源累计装机容量（C_{19}）	兆瓦
环境生态（A_4）	环境压力（B_{11}）	近岸海域海水环境质量（C_{20}）	—
		主要河流污染物入海总量（C_{21}）	万吨
	生态健康（B_{12}）	健康类海洋生态监控区比重（C_{22}）	%
		海洋保护区面积占管辖海域面积比重（C_{23}）	%
	治理修复（B_{13}）	沿海城市污水处理率（C_{24}）	%
		海洋生态修复面积（C_{25}）	平方千米
科技创新（A_5）	科技投入（B_{14}）	海洋研究与试验发展经费占海洋生产总值比重（C_{26}）	%
		海洋科技人员数（C_{27}）	人
	科技产出（B_{15}）	海洋科技项目获国家、省部级科技成果奖系数（C_{28}）	—
		海洋专利授权数（C_{29}）	项

一级指标	二级指标	三级指标	单位
管理保障(A_6)	法制规划(B_{16})	海洋法律法规健全度(C_{30})	—
		海洋政策规划完备度(C_{31})	—
	公共服务(B_{17})	海上救助能力(C_{32})	—
		海洋公益服务能力(C_{33})	—
	保障能力(B_{18})	大学本科及以上学历的海洋管理人员数(C_{34})	人
		海洋执法船舶总吨位(C_{35})	吨

2. 结果形式

根据《2015 中国海洋发展指数报告》，2014 年中国海洋发展指数为 120.1，比 2013 年增长 5.0，2010—2014 年指数年均增速为 4.7%，中国海洋经济和海洋事业呈现持续稳定发展态势。

六、小结

通过上述指数的分析，得到的启示如下。

(1)指标数据要可获取。数据的可获取性是指数评估的基础，评估指标概念应当明确，易测易得。评价数据的选择要考虑经济发展水平和评估部门的技术能力。如海洋健康的评估涉及方方面面、综合性强，面对数量繁多的指标内容，海洋健康指数的设计保障了数据的可获取性，多采用一些通用型的数据使得全球的海洋健康状况都可计算。

(2)指标数据要具有衔接性。指标数据的衔接性是提高指数计算效率的保障，数据需便于统计和计算，有足够的数据量，并在时间上能够获得延续。如功能区的生态环境状况评价与《全国生态功能区划》和《全国生态脆弱区保护规划纲要》等环境保护规划、区划相衔接，具有管理的系统性和一致性，提高了有关指数数据的权威性和导向性。

(3)指标数据要有针对性。指标数据的针对性提升了指标计算结果的可靠性，通过对相关评价指数或指标体系的分析，可以看出因为指数评价的目的不同，指标的选择侧重点也不同。如生态环境状况指数针对不同的功能区进行设计，设置了防风固沙生态功能区、水土保持生态功能区、水源涵养生态功能区和生物多样性维护生态功能区等不同的指标。

第二章

海岛生态指数的设计与算法

第一节　海岛生态指数设计的总体思路

海岛四周被海水包围，每个海岛都相对地成为一个独立的生态环境地域小单元。其岛陆、岛滩和环岛海域分别构成不同类型的生态环境，具有独特的生物群落，保存了一大批珍稀物种，形成了独立的生态系统；因海岛面积狭小，土地单薄贫瘠，地域结构简单，又与大陆分离，物种来源受到限制，生物多样性相对较低，生物系统稳定性较差，十分脆弱，极易受侵害。我国海岛众多，成因、形态和地域分布各不相同，气候、水文、生物、地质、地貌等条件千差万别，生态系统类型多样。针对海岛生态系统独立、脆弱、多样的特征，开展海岛生态指数(IEI)的评估，需寻其共性，择其特性，要突出海岛生态保护的成效与问题。基于此，海岛生态指数设计重点关注以下几方面问题。

(1)以基于生态系统的海岛管理为主线。基于生态系统的海岛综合管理以海岛生态系统保护和可持续发展为目的，通过海岛生态系统的综合分析与评估，识别影响海岛生态系统健康的人类活动，并采用政策、规划、行动和监督管理等手段对其进行一体化综合管理，从而保持海岛生态系统的完整和健康，保障海岛生态服务功能不降低和海岛资源的可持续利用。为实施基于生态系统的海岛管理，需明晰海岛生态环境的特征与问题，明确海岛生态环境的状况。因此，指标体系需能反映海岛生态环境状况和生态服务功能变化趋势。

(2)直观反映海岛生态环境状况。海岛生态指数的设计目的之一是直观、系统、客观地反映海岛生态环境保护状况及问题。海岛生态指数需在明晰海岛生态系统特征、过程以及服务功能的基础上，以标准化、定量、透明、直观且具扩展性的评价方法揭示海岛生态系统的状态、变化及趋势，同时对开发利用海岛行为产生的生态变化情况进行评估，体现海岛保护与管理的成效。

（3）衔接海岛保护管理的重要指标。自《海岛保护法》出台以来，为构建系统完善的海岛保护管理体系，国家制定系列海岛保护管理政策，并明确了一些海岛管理的重要指标。如《全国海岛保护规划（2012—2020）》对海岛污水、固体废弃物的处理率有了明确的规定；《关于全面建立实施海洋生态红线制度的意见》对海岛自然岸线保有率进行了明确的要求。其他一些海岛保护管理的制度与规范明确了海岛生态保护的相关指标，这些指标是海岛生态指数需要重点突出的内容。

基于此，海岛生态指数从生态本底情况、利用的生态化水平、管理的力度三个维度，分生态环境、生态利用、生态管理三个方面选择具体指标；同时，设置体现不同海岛特色的其他指标，反映对特色物种或景观的保护情况及海岛生态环境的受损、破坏情况。

第二节　海岛生态指数框架体系

海岛生态指数是衡量一定时期内某个海岛生态状态的综合评价指数，包括海岛生态环境、生态利用和生态管理3个方面内容，并设置其他指标（图2.2-1和图2.2-2）；共包含4个一级指标，9个二级指标，10个三级指标（表2.2-1）。通过生态指数评价，可直观反映海岛生态系统状态，进而对比不同年份生态指数的波动，反映海岛生态系统状态变化情况和保护效果。

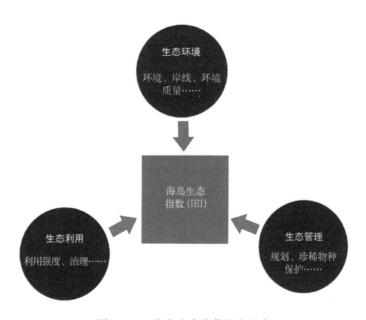

图2.2-1　海岛生态指数概念示意

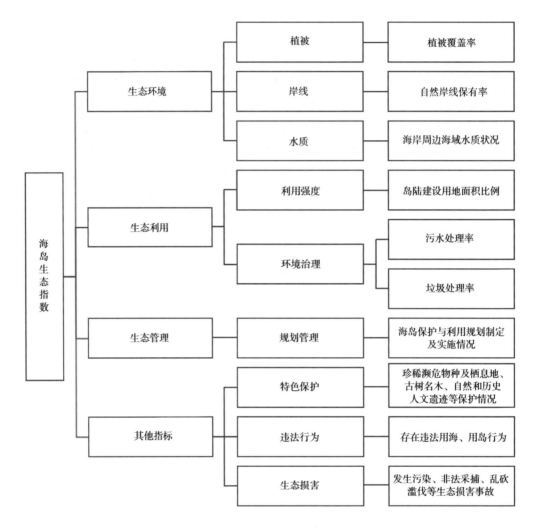

图 2.2-2　海岛生态指数指标体系框架

表 2.2-1　海岛生态指数评价指标体系

一级指标	二级指标	三级指标	指标含义
生态环境	植被	植被覆盖率	反映海岛植被覆盖情况
	岸线	自然岸线保有率	反映海岛岸线保护与利用情况
	水质	海岛周边海域水质达标率	反映海岛周边海域水质质量
生态利用	利用强度	岛陆建设用地面积比例	反映海岛开发利用强度
	环境治理	污水处理率	反映海岛污水处理水平
		垃圾处理率	反映海岛垃圾处理水平

一级指标	二级指标	三级指标	指标含义
生态管理	规划管理	海岛保护与利用规划制定及实施情况	是否制定海岛保护与利用规划并实施，反映海岛综合管理和保护力度
其他指标	特色保护	珍稀濒危物种及栖息地、古树名木、自然和历史人文遗迹等保护情况	正向指标，是否采取了有效保护珍稀濒危物种及栖息地、古树名木、自然和历史人文遗迹的措施等
	违法行为	存在违法用海、用岛行为	负向指标，当发生违法填海连岛、在海岛周边海域进行违法开发利用活动、未经允许在沙滩上建造建筑物或者设施等违法用海、用岛行为时，对综合指标值减分处理
	生态损害	发生污染、非法采捕、乱砍滥伐等生态损害事故	负向指标，当指标内容发生时，对综合指标值减分处理

第三节　海岛生态指数的指标解释与数据来源

一、指标解释与数据来源

1. 植被覆盖率

植被覆盖率 = 植被覆盖面积/海岛总面积×100%

其中，植被覆盖面积指海岛岛陆的自然植被和人工生态林地的面积。

数据来源：海岛四项基本要素监视监测，遥感影像解译。

2. 自然岸线保有率

自然岸线保有率 = 海岛自然岸线长度/海岛岸线总长度×100%

其中，自然岸线包括原生自然岸线和整治修复后具有海岸自然形态特征和生态功能的人工岸线。

数据来源：海岛四项基本要素监视监测，遥感影像解译。

3. 海岛周边海域水质达标率

海岛周边海域水质达标率 = 海岛周边海域达到或优于国家第二类海水水质标准的面积/海岛周边海域总面积×100%

海岛周边海域指的是海岛周边 3 km 范围内的海域。

数据来源：全国海洋生态环境监测和全国海岛生态环境监测数据资料。

4. 岛陆建设用地面积比例

岛陆建设用地面积比例 = 岛陆建设面积/海岛总面积×100%

数据来源：海岛四项基本要素监视监测，遥感影像解译。

5. 污水处理率

污水处理率 = 污水达标处理量/污水产生总量×100%

数据来源：海岛乡镇统计资料，海岛统计调查报表。

6. 垃圾处理率

垃圾处理率 = 垃圾无害化处理量/垃圾产生总量×100%

数据来源：海岛乡镇统计资料，海岛统计调查报表。

7. 海岛保护与利用规划制定及实施情况

海岛保护与利用规划制定并实施，该项 100 分；海岛保护与利用规划正在编制或已编制但待实施，该项 50 分；其他 0 分。

数据来源：海岛统计调查制度。

8. 珍稀濒危物种及栖息地、古树名木、自然和历史人文遗迹等保护情况

本指标是反映海岛特色保护的正向指标，按照表 2.3-1 依据海岛情况打分，不同指标内容分数进行累计，但总分不超过 10 分。

数据来源：海岛乡镇统计资料，现场核实。

表 2.3-1　海岛生态指数"特色保护"指标打分

指标内容	说明	打分
珍稀濒危物种及栖息地	是国家重点保护野生动植物栖息地的海岛，并且实施有效保护的	加 8 分
古树名木	设置古树名木标志或划定保护区域的	加 2 分
自然和历史人文遗迹保护	有省级以上文物保护单位或省级以上非物质文化遗产且保护有力的	加 5 分
	有其他典型的自然或历史人文遗迹，并且保护较好的	加 2 分

9. 存在违法用海、用岛的活动

该指标为负向指标，每发生一项减 5 分，多项累计，但总扣除分数不超过 10 分。
数据来源：海岛执法记录。

10. 发生污染、非法采捕、乱砍滥伐等生态损害事故

该指标为负向指标，每发生一项减 5 分，多项累计，但总扣除分数不超过 10 分。
数据来源：海岛执法记录。

二、评价方法

生态指数计算公式如下：

$$IEI = \sum p_i A_i - \beta \qquad (2.3-1)$$

式中：IEI 为评价海岛生态指数，p_i 是三级指标的权重，A_i 是三级指标标准化值，β 是其他指标值之和。

1. 分级评价标准

将海岛生态指数对海岛生态状况的表征划分为 4 级（表 2.3-2），即优、良、中、差。

表 2.3-2　海岛生态指数分级评价标准

级别	优	良	中	差
指数分级	$IEI \geqslant 80$	$80 > IEI \geqslant 65$	$65 > IEI \geqslant 50$	$50 > IEI$
描述	海岛生态状况好、稳定，海岛保护与管理效果好	海岛生态状况良好、较稳定，海岛保护与管理效果较好，但仍有上升空间	海岛生态状况中等，具有不稳定因素，海岛保护与管理有一定效果，但需加强	海岛生态状况较差、脆弱，急需加强海岛保护与修复

2. 变化分级评价标准

根据不同时期海岛生态指数的波动情况，进行单个海岛生态状况的纵向对比，评价海岛生态状况的变化趋势。将海岛生态指数的波动幅度分为 3 级（表 2.3-3），对应海岛生态状况 3 级变化：有好转，无明显变化，有退化。

表 2.3-3　海岛生态指数波动变化评价标准

级别	有好转	无明显变化	有退化
指数	$\Delta IEI \geqslant 3$	$3 > \Delta IEI \geqslant -3$	$-3 > \Delta IEI$

第四节　海岛生态指数计算实例

一、海岛概况

选择刘公岛、平潭大屿和涠洲岛进行海岛生态指数计算与评价。各岛概况见表 2.4-1。

刘公岛隶属于山东省威海市环翠区，有居民海岛，面积为 3.3 km²，岸线长度为 20 383.6 m，以基岩岸线为主，是国家级风景名胜区、国家 5A 级旅游景区、"中国十大美丽海岛"之一、国家级海洋公园、省级地质公园，还是全国爱国主义教育基地和全国海洋意识教育基地。岛上有北洋海军提督署、龙王庙和戏楼、丁汝昌寓所、刘公岛水师学堂等省级以上文物保护单位 29 处。2016 年接待上岛游客 150 万人次，实现旅游收入 1.59 亿元。

平潭大屿隶属于福建省平潭综合试验区，无居民海岛，面积为 0.2 km²，岸线长度为 2 453.4 m，海岸以基岩—砂砾质滩为主，植被覆盖率 49.6%。

涠洲岛隶属于广西壮族自治区北海市海城区，有居民海岛，是我国最大的第四纪火山岛，面积为 25.1 km²，岸线长度为 28 969.5 m，以砂质岸线为主。涠洲岛是国家级地质公园、鸟类自然保护区、"中国最美十大海岛"之一、国家 4A 级旅游景区。2016 年接待国内外上岛游客 86.34 万人次，旅游总收入 5.61 亿元。

表 2.4-1 刘公岛、平潭大屿和涠洲岛基本情况

海岛情况	刘公岛	平潭大屿	涠洲岛
所属省	山东省	福建省	广西壮族自治区
所属市	威海市	福州市	北海市
所属县	环翠区	平潭县	海城区
乡镇	刘公岛管理委员会	北厝镇	涠洲岛管理委员会
所在海区	黄海	东海	南海
海岛分类	有居民海岛	无居民海岛	有居民海岛
2016 年常住人口	37 人	—	14 000 人
面积	3.3 km²	0.2 km²	25.1 km²
近陆距离	1.9 km	2.4 km	36.9 km
岸线长度	20 383.6 m	2 453.4 m	28 969.5 m

二、数据获取

按照表 2.2-1，通过地方填报、遥感影像解译提取和实地调研获取验证的评价指标数据如下（表 2.4-2）。

表 2.4-2 刘公岛、平潭大屿和涠洲岛生态指数指标数据

指标	刘公岛	平潭大屿	涠洲岛	数据来源
植被覆盖率	75.8%	49.6%	70.5%	遥感影像解译
自然岸线保有率	84.9%	100%	81.3%	遥感影像解译
海岛周边海域水质达标率	100%	100%	100%	资料搜集

指标	刘公岛	平潭大屿	涠洲岛	数据来源
岛陆建设用地面积比例	15.2%	0.13%	21.9%	遥感影像解译
污水处理率	100%	100%	100%	地方填报
垃圾处理率	100%	100%	100%	地方填报
海岛保护与利用规划制定及实施情况	《胶东半岛海滨风景名胜区总体规划》，已实施	《平潭大屿海岛保护和利用规划》，已实施	《涠洲岛旅游区发展规划》等，已实施	地方填报
珍稀濒危物种及栖息地、古树名木、自然和历史人文遗迹等保护情况	省级以上文物保护单位 29 处，其他景观遗迹 1 处，投入资金 2.2 亿多元，修复遗址 6 万多平方米	有国家二级保护植物珊瑚菜，采取了划定保护范围，宣传与维护措施	有国家重点保护动物 25 种，国家一级重点保护动物黑鹳和中华秋沙鸭；"三婆信俗"列入自治区非物质文化遗产。建立地质公园、鸟类自然保护区等，进行管理和维护	实地调研 地方填报
存在违法用海、用岛行为	无	无	无	资料搜集
发生污染、非法采捕、乱砍滥伐等生态损害事故	无	无	无	资料搜集

第二章 海岛生态指数的设计与算法

三、指标数据标准化处理

按照指标解释与计算方法，根据数据类型，通过 3 种方法对原始指标数据进行标准化处理。

对于大多数百分比数据，通过乘以 100，将相应数据对应到 0~100。对于岛陆建设用地面积比例，虽然指标数据为百分比，但考虑到海岛具有一定建设空间，设定当建设面积不超过海岛面积的 20% 时，对海岛生态环境不产生极大影响。因此，通过公式 (2.4-1)进行标准化，当计算结果大于 100 时，取 100。

$$\text{岛陆建设用地面积比例标准化得分} = 120 - \text{原始数值} \times 100 \qquad (2.4-1)$$

对于定性的指标，通过赋值法进行标准化，见表 2.4-3。

表 2.4-3　海岛生态指数定性指标标准化

指标内容	说明	打分	备注
海岛保护与利用规划制定及实施情况	海岛保护与利用规划制定并实施	加 100 分	
	海岛保护与利用规划正在编制或已编制但待实施	加 50 分	
	无规划	加 0 分	

指标内容	说明	打分	备注
珍稀濒危物种及栖息地、古树名木、自然和历史人文遗迹等保护情况	珍稀濒危物种及栖息地：是国家重点保护野生动植物栖息地的海岛，并且实施有效保护的	加8分	不同指标内容分数进行累计，但总分不超过10分
	古树名木：设置古树名木标志或划定保护区域的	加2分	
	有省级以上文物保护单位或省级以上非物质文化遗产且保护有力的	加5分	
	有其他典型的自然或历史人文遗迹，并且保护较好的	加2分	
存在违法用海、用岛行为	每发生一项违法案件	减5分	多项累计，但总扣除分数不超过10分
发生污染、非法采捕、乱砍滥伐等生态损害事故	每发生一项损害事故	减5分	多项累计，但总扣除分数不超过10分

四、海岛生态指数计算

将标准化后的指标值代入式（2.3-1）计算刘公岛、平潭大屿和涠洲岛的海岛生态指数，结果分别为 102.1、97.9 和 100.1，见表 2.4-4。

表 2.4-4　刘公岛、平潭大屿和涠洲岛指标标准化值、权重与指数结果

评价指标	刘公岛	平潭大屿	涠洲岛	权重
植被覆盖率	75.8	49.6	70.5	0.2
自然岸线保有率	84.9	100	81.3	0.2
海岛周边海域水质达标率	100	100	100	0.1
岛陆建设用地面积比例	100	100	98.1	0.15
污水处理率	100	100	100	0.125
垃圾处理率	100	100	100	0.125
海岛保护与利用规划制定及实施情况	100	100	100	0.1
珍稀濒危物种及栖息地、古树名木、自然和历史人文遗迹等保护情况	10	8	10	—
存在违法用海、用岛行为	0	0	0	—
发生污染、非法采捕、乱砍滥伐等生态损害事故	0	0	0	—
海岛生态指数（IEI）	102.1	97.9	100.1	—

五、海岛生态指数评价

海岛生态指数对海岛生态状况的表征划分为 4 级，即优、良、中、差。刘公岛、平潭大屿和涠洲岛的海岛生态指数均大于 80，生态状况优，海岛生态状况好、稳定，保护与管理效果好。

第三章

海岛发展指数的设计与算法

第一节　海岛发展指数设计的总体思路

海岛是特殊的地理单元，具有丰富的资源和特殊区位，海岛及其周边海域组成的生态系统是生产力极高的海洋生态系统之一，蕴藏着丰富的生物资源、矿物资源、港口资源、旅游资源等。海洋经济已成为国民经济新的增长点，海岛在海洋经济中的重要作用日益凸显，海岛地区发展前景广阔。我国有居民海岛以及已经开发利用的无居民海岛发展情况各异，且呈现出多种特征。

(1)海岛发展兼顾海陆双重属性。海岛经济的发展不仅依托于岛陆区域，还包括海岛周边的海域以及邻近陆域，外向型经济是海岛经济的最主要特征。海岛尤其是有居民海岛是社会经济活动的重要载体，是由自然环境和人类活动组成的有机复合体，兼具自然属性和社会属性。

(2)海岛经济发展水平整体偏低。海岛地区自身财政能力有限，人均可支配收入较低，导致人口流失严重。同时，海岛发展空间有限，海岛产业选择相对单一。

(3)海岛地区基础设施和公共服务能力薄弱。海岛远离大陆，且分布分散，部分远离大陆的有居民海岛和大部分无居民海岛尚未完全纳入市政建设管理，加之海岛基础设施和公共服务能力建设的成本高、共享性差，导致海岛地区基础设施和公共服务能力薄弱。

海岛发展的以上特点，加上海岛生态脆弱，决定了海岛管理相对于陆域管理的侧重点应有所不同。海岛管理需兼顾经济发展、环境保护和民生改善，改善海岛居民生产生活条件是海岛管理的出发点和落脚点，吸引人才、丰富百姓生活、提升文化教育医疗水平、提升群众参与度是海岛管理的重点。

鉴于此，海岛发展指数(IDI)侧重对海岛经济、社会、生态、民生和管理等方面进行综合评价，海岛发展指数总体框架设计遵循国家"五位一体"总体布局，力求体现创新、协调、绿色、开放、共享五大理念。同时，为反映海岛发展现实特点，揭示我国海岛特色发展成果，海岛发展指数评价注重体现安居、乐业的思想。安居主要反映生态、民生、文化和管理等方面的宜居程度；乐业，即经济有特色且居民收入高。生态方面重点突出青山碧海和干净整洁，民生方面主要反映基础设施和基本公共服务城乡一体化、通达与便捷，文化教育方面着重突出特色文化及文体设施共享，管理方面主要突出乡风文明、治安有序。"和美海岛"的创建为海岛发展提供了新思路和新途径，围绕海岛生态文明建设和社会经济发展需求，以创建"和美海岛"为抓手，探索用岛新模式，促进海岛合理开发，推进海岛资源开发利用由资源消耗型向基于生态系统的开发模式转变。因此，海岛发展指数评估还应紧扣"和美海岛"创建标准，力求体现海岛生态环境、宜居度、经济活力、社会民生等要素。

第二节 海岛发展指数框架体系

海岛发展指数是衡量一定时期某个海岛综合发展状况的评价指数，主要反映海岛经济发展、生态环境、社会民生、文化建设和社区治理总体发展水平（即"通用指标"）。通过发展指数评价，可直观反映海岛发展状况，进而对比不同海岛发展指数，反映岛间发展状况差异。

海岛发展指数的指标体系包括通用指标、综合成效指标和其他指标（图 3.2-1 和图 3.2-2）；其中通用指标包含 5 个一级指标，9 个二级指标，18 个三级指标；同时设置了海岛品牌创建、资源循环利用等综合成效指标，设置了针对发生重大事故等的"其他"指标（表 3.2-1）。

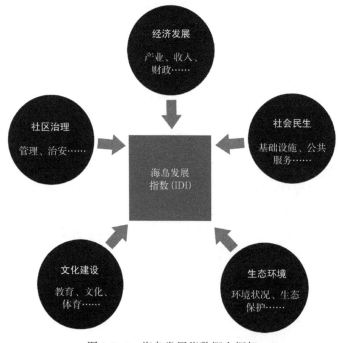

图 3.2-1 海岛发展指数概念框架

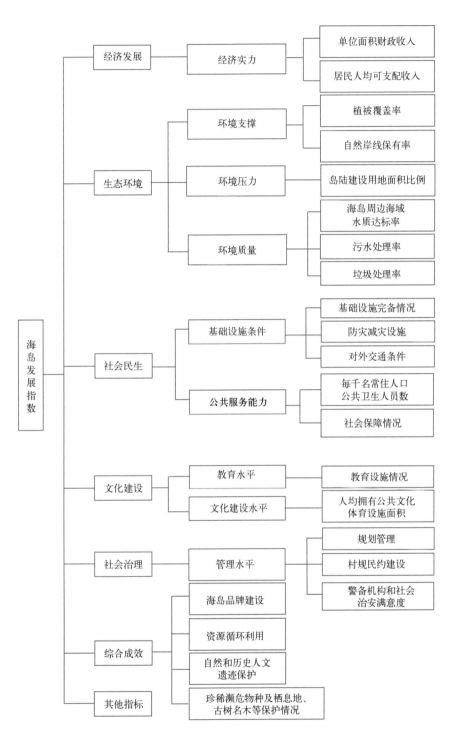

图 3.2-2 海岛发展指数指标体系框架

表 3.2-1　海岛发展指数评价指标体系

一级指标	二级指标	三级指标	指标含义
经济发展	经济实力	单位面积财政收入	反映海岛经济、产业发展水平
		居民人均可支配收入	居民家庭全部收入能用于安排家庭日常生活的部分，反映海岛居民收入水平
生态环境	环境支撑	植被覆盖率	反映海岛植被覆盖情况
		自然岸线保有率	反映海岛岸线保护与利用情况
	环境压力	岛陆建设用地面积比例	反映海岛开发利用强度
	环境质量	海岛周边海域水质达标率	反映海岛周边海域水质质量
		污水处理率	反映海岛污水处理水平
		垃圾处理率	反映海岛垃圾处理水平
社会民生	基础设施条件	基础设施完备状况	海岛供电、供水等设施的完备情况
		防灾减灾设施	城镇建成区防潮堤达标情况
		对外交通条件	指海岛与大陆的交通互联程度，反映海岛对外交通条件
	公共服务能力	每千名常住人口公共卫生人员数	反映海岛卫生保障水平
		社会保障情况	反映海岛居民享受医疗、养老、就业等社会保障情况
文化建设	教育水平	教育设施情况	反映海岛教育水平
	文化建设水平	人均拥有公共文化体育设施面积	反映体育文化发展情况
社区治理	管理水平	规划管理	反映海岛综合管理和保护力度
		村规民约建设	反映海岛社会民主水平
		警务机构和社会治安满意度	反映海岛治安管理能力和效果

一级指标	二级指标	三级指标	指标含义
综合成效		海岛品牌建设	获得省级以上荣誉称号，如国家 3A 级以上旅游景区、省级文明乡镇(村)或工业园区等
		资源循环利用	具有中水回用、废弃物循环利用的海岛
		自然和历史人文遗迹保护	有省级以上文物保护单位或省级以上非物质文化遗产且保护有力的；有典型自然和人文历史遗迹，且保护较好的
		珍稀濒危物种及栖息地、古树名木等保护情况	是否采取了保护措施，包括保护标志的设置、保护区域的划定等
		其他	发生刑事案件、重大污染事故、生态损害事故、安全事故等，按规定减分

第三节 海岛发展指数的指标解释与数据来源

一、指标解释与数据来源

1. 单位面积财政收入

当海岛单位面积财政收入小于或等于本年全国沿海省(自治区、直辖市)单位面积地方财政收入时：

单位面积财政收入指标值 = 海岛地方财政收入/海岛面积/本年全国沿海省(自治区、直辖市)单位面积地方财政收入×60

当海岛单位面积财政收入大于本年全国沿海省(自治区、直辖市)单位面积地方财政收入时：

单位面积财政收入指标值 = [海岛地方财政收入/海岛面积−本年全国沿海省(自治区、直辖市)单位面积地方财政收入]/[本年海岛单位面积最高财政收入−本年全国沿海省(自治区、直辖市)单位面积地方财政收入]×40+60

其中，财政收入单位为万元，海岛面积单位为 hm^2。

数据来源：海岛乡镇统计资料，海岛统计调查报表。

2. 居民人均可支配收入

当海岛居民人均可支配收入小于或等于本年全国沿海省(自治区、直辖市)居民人均可支配收入时：

居民人均可支配收入指标值 = 海岛居民人均可支配收入/本年全国沿海省(自治区、直辖市)居民人均可支配收入×60

当海岛的居民人均可支配收入大于本年全国沿海省(自治区、直辖市)居民人均可支配收入时：

居民人均可支配收入指标值 = [海岛居民人均可支配收入－本年全国沿海省(自治区、直辖市)居民人均可支配收入]/[本年海岛居民最高人均可支配收入－本年全国沿海省(自治区、直辖市)居民人均可支配收入]×40+60

数据来源：海岛乡镇统计资料，海岛统计调查报表。

3. 植被覆盖率

植被覆盖率 = 植被覆盖面积/海岛总面积×100%

其中，植被覆盖面积指海岛岛陆的自然植被和人工生态林地的面积。

数据来源：海岛四项基本要素监视监测，遥感影像解译。

4. 自然岸线保有率

自然岸线保有率 = 海岛自然岸线长度/海岛岸线总长度×100%

自然岸线包括自然属性岸线和生态化的人工岸线。

数据来源：海岛四项基本要素监视监测，遥感影像解译。

5. 岛陆建设用地面积比例

岛陆建设用地面积比例 = 岛陆建设面积/海岛总面积×100%

当海岛建设面积不超过海岛面积的 20% 时，认为对海岛生态环境不产生极大影响。

数据来源：海岛四项基本要素监视监测，遥感影像解译。

6. 海岛周边海域水质达标率

海岛周边海域水质达标率 = 海岛周边海域达到或优于国家第二类海水水质标准的面积/海岛周边海域总面积×100%

海岛周边海域指的是海岛周边 3 km 范围内的海域。

数据来源：全国海洋生态环境监测和全国海岛生态环境监测数据资料。

7. 污水处理率

污水处理率 = 污水达标处理量/污水产生总量×100%

数据来源：海岛乡镇统计资料，海岛统计调查报表。

8. 垃圾处理率

垃圾处理率 = 垃圾无害化处理量/垃圾产生总量×100%

数据来源：海岛乡镇统计资料，海岛统计调查报表。

9. 基础设施完备状况

根据表 3.3-1，分别对海岛供水、供电情况打分，计算平均值作为指标值。

表 3.3-1　基础设施完备情况打分标准

供水	供电	分值
集中无限时供水	集中无限时供电	100
分散无限时供水或集中限时供水	分散无限时供电	80
分散限时供水	限时供电	60
无供水	无电	0

数据来源：海岛乡镇统计资料，海岛统计调查报表。

10. 防灾减灾设施

通过中心城区防潮堤工程状况反映防灾减灾设施状况，采用赋值法计算（表 3.3-2）。

表 3.3-2　防灾减灾设施指标标准化赋值

防潮堤工程状况	指标赋值
防潮堤长度覆盖了中心城区面临的岸线范围，防潮等级在 50 年一遇或以上标准	100
防潮堤长度覆盖了中心城区面临的岸线范围，防潮等级在 20 年一遇或以上标准	85
防潮堤长度覆盖了中心城区面临的岸线范围，防潮等级在 5 年一遇或以上标准	75
防潮堤长度覆盖了中心城区面临的岸线范围，防潮等级在 2 年一遇或以上标准	60
其他情形	0

如同一个海岛在不同岸段有不同等级的防潮堤工程，按不同标准赋值后进行平均计算。

数据来源：海岛四项基本要素监视监测、遥感影像解译和现场核实。

11. 对外交通条件

陆岛交通码头、桥隧等交通设施保障公共交通的能力，采取赋值法计算（表 3.3-3）。

表 3.3-3　对外交通条件指标标准化赋值

单日陆岛公共交通能力	指标赋值
大于等于单日海岛最大出行人次需求，且不受潮汐影响	100
大于等于单日海岛最大出行人次需求，但受潮汐影响	85
小于单日海岛最大出行人次需求，且不受潮汐影响	75
小于单日海岛最大出行人次需求，同时受潮汐影响	60
无陆岛公共交通	0

单日陆岛公共交通能力为所有公共交通方式的运力之和。

桥隧公共交通运力 = 公交车辆单日班次×单车运力

码头公共交通运力 = 公共班船单日班次×单船运力

单日海岛最大出行人次需求可用海岛常住人口数的20%来表示。

数据来源：海岛统计调查报表、县级统计调查公报和现场核实。

12. 每千名常住人口公共卫生人员数

每千名常住人口公共卫生人员数指标值 = 海岛每千名常住人口公共卫生人员数/本年全国每千名常住人口公共卫生人员数×100 （该数值大于100时，取100）

数据来源：海岛统计调查报表、县级统计调查公报和现场核实。

13. 社会保障情况

社会保障情况 = （养老保险覆盖率 + 医疗保险覆盖率)/2

数据来源：海岛统计调查报表、县级统计调查公报和现场核实。

14. 教育设施情况

采取赋值法计算。

按照《城市居住区规划设计规范》(2002年版)中的要求：人口为10 000~15 000人规模的居住区必须设小学，人口为30 000~50 000人规模的居住区必须设中学。海岛学校设施情况达到此标准的，赋值100分；未达标则该项不得分。

数据来源：海岛统计调查报表、县级统计调查公报和现场核实。

15. 人均拥有公共文化体育设施面积

人均拥有公共文化体育设施面积指标值 = 海岛拥有公共文化体育设施面积/户籍人口/本年全国人均拥有公共文化体育设施面积×100 （该数值大于100时，取100）

数据来源：海岛统计调查报表、县级统计调查公报和现场核实。

16. 规划管理

海岛保护与利用规划制定并实施，赋值100分；海岛保护与利用规划已编制但待实施，赋值50分；其他赋值0分。

数据来源：海岛统计调查制度。

17. 村规民约建设

采取赋值法计算，见表3.3-4。

表 3.3-4　村规民约建设指标赋值

评价内容	指标赋值
村规民约覆盖所有行政村	100 分
村规民约覆盖大于 50% 的行政村	80 分
村规民约覆盖 20%~50% 的行政村	50 分
村规民约覆盖小于 20% 的行政村	0 分

数据来源：海岛乡镇统计资料，现场核实。

18. 警务机构和社会治安满意度

警务机构和社会治安满意度 = 结案数/立案数×50+P/2

受评价海岛设有警务机构，则 P = 100；没有警务机构的，则 P = 50。

数据来源：海岛乡镇统计资料，现场核实。

19. 海岛发展指数的综合成效指标

由有关特色指标构成，采取赋值法。当评价海岛涉及表 3.3-5 所列的发展特色内容时，逐项累加计算得出海岛发展特色指标值。

表 3.3-5　海岛发展指数特色指标赋值

指标	内容	分值
海岛品牌建设	获得省级以上荣誉称号，如国家 3A 级以上旅游景区、省级文明乡镇(村)、省级及以上工业园区、"和美海岛""生态岛礁"等	具有 3 项以上，加 10 分；1~3 项，加 5 分
资源循环利用和可再生能源利用	海岛利用海洋能、太阳能等新能源促进海岛发展，或具有中水回用、循环经济的海岛	利用可再生能源或资源循环利用项目有 2 项以上，加 2 分；有 1 项，加 1 分
珍稀濒危物种及栖息地、古树名木保护	是国家重点保护野生动植物栖息地的海岛，并且实施有效保护的	加 3 分
	设置古树名木标志或划定保护区域的	加 1 分
自然和历史人文遗迹保护	有省级以上文物保护单位或省级以上非物质文化遗产，并且保护有力的	加 3 分
	其他典型的自然或历史人文遗迹，并且保护较好的	加 1 分

数据来源：海岛统计调查报表、县级统计调查公报和现场核实。

20. 其他指标

海岛当年发生重大污染事故、生态损害事故和安全事故等，每项减 10 分，多项累计。

数据来源：海岛统计调查报表、县级统计调查公报和现场核实等。

二、评价方法

海岛发展指数计算公式：

$$IDI = \sum p_i A_i + \alpha - \beta \qquad (3.3-1)$$

式中：IDI 为评估年海岛发展指数，p_i 为三级评价指标的权重，A_i 为三级评价指标标准化值，α 是特色指标值之和，β 是负向指标值。

第四节　海岛发展指数计算实例

一、海岛概况

选择獐子岛、梅山岛和海陵岛对海岛发展指数进行计算与评价，各岛概况见表 3.4-1。

表 3.4-1　獐子岛、梅山岛和海陵岛基本情况

海岛	獐子岛	梅山岛	海陵岛
所属省	辽宁省	浙江省	广东省
所属市	大连市	宁波市	阳江市
所属县	长海县	北仑区	江城区
乡镇	獐子岛镇	梅山乡	海陵镇
所在海区	黄海	东海	南海
海岛分类	有居民海岛	有居民海岛	有居民海岛
2016 年常住人口	16 559 人	18 906 人	98 000 人
面积	8.9 km²	37.2 km²	107.3 km²
近陆距离	47.8 km	0.5 km	1.8 km
岸线长度	28.6 km	34.3 km	87.4 km

獐子岛隶属于辽宁省大连市长海县，是乡镇级有居民海岛，面积为 8.9 km²，岸线长 28.6 km，拥有李墙屯遗址、沙泡屯遗址等历史人文遗迹。2016 年獐子岛实现农渔业总产值 7.83 亿元；全年接待游客 19 万人次，旅游收入 1 300 万元，居民人均可支配收入 27 037 元。2016 年，獐子岛保护与开发利用被列入中央海域使用金支持项目。

梅山岛隶属于浙江省宁波市北仑区,有居民海岛,面积 37.2 km²,以人工海岸为主,岸线长度为 34.3 km,拥有省级非物质文化遗产"水浒名拳"和宁波梅山盐场遗址。梅山岛发展定位为动力保税港、魅力休闲岛和港口物流岛。

海陵岛隶属于广东省阳江市江城区,有居民海岛,面积 107.3 km²,主要为基岩海岸,岸线长度为 87.4 km,是国家 5A 级旅游景区、"中国十大美丽海岛"之一、国家级海洋公园,居"广东十大美丽海岛"之首,享有"南方北戴河"和"东方夏威夷"之美称。海陵岛拥有天然海滩、海蚀地貌等丰富的自然景观资源以及太傅庙址和陵墓、古炮台等历史人文遗迹。2016 年,海陵岛全年实现地方财政收入 5.82 亿元,居民人均可支配收入达 2.18 万元,共接待游客 801.16 万人次,实现旅游收入 54.49 亿元。

二、数据获取

海岛发展指数指标数据来源以地方填报和遥感影像解译为主,以现场核查、补充收集为辅。植被覆盖率、自然岸线保有率、岛陆建设用地面积比例指标数据采用遥感影像解译和现场核查相结合的方法确定,海岛周边海域水质达标率主要通过地方海洋环境公报获取,刑事案件、重大污染事故、生态损害事故、安全事故等重大事故数据主要通过海岛执法、海岛统计调查报表和资料补充收集获取,其他指标数据主要通过地方填报方式获取(表 3.4-2)。

表 3.4-2 海岛发展指数指标数据来源

评价指标	獐子岛	梅山岛	海陵岛	数据来源
财政收入(万元)	2 735.3	351 000	58 200	地方填报
居民人均可支配收入(元)	27 037	46 995	21 803.4	地方填报
植被覆盖率	66.3%	34.5%	69.7%	遥感影像解译、现场核查
自然岸线保有率	70.4%	3.2%	74.5%	遥感影像解译、现场核查
岛陆建设用地面积比例	31.6%	41.4%	19.6%	遥感影像解译、现场核查
海岛周边海域水质达标率	100%	0%	50%	地方海洋环境公报
污水处理率	70%	90%	80%	地方填报
垃圾处理率	100%	100%	100%	地方填报
基础设施完备状况	集中无限时供水、供电	集中无限时供水、供电	集中无限时供水、供电	地方填报
防灾减灾设施	防潮堤防潮等级在 20 年一遇或以上标准	防潮堤防潮等级在 50 年一遇或以上标准	防潮堤防潮等级在 50 年一遇或以上标准	地方填报

评价指标	獐子岛	梅山岛	海陵岛	数据来源
对外交通条件	单日陆岛公共交通能力小于单日海岛最大出行人次需求，且不受潮汐影响	单日陆岛公共交通能力大于等于单日海岛最大出行人次需求，且不受潮汐影响	单日陆岛公共交通能力大于等于单日海岛最大出行人次需求，且不受潮汐影响	地方填报
每千名常住人口公共卫生人员数	3.50	0.90	4.39	地方填报
社会保障情况	养老保险覆盖率、医疗保险覆盖率均为100%	养老保险覆盖率96%、医疗保险覆盖率为99%	养老保险覆盖率98%、医疗保险覆盖率为100%	地方填报
教育设施情况	学校设置符合国家标准，满足海岛教育需求	学校设置符合国家标准，满足海岛教育需求	学校设置符合国家标准，满足海岛教育需求	地方填报
人均拥有公共文化体育设施面积（m²/人）	0.95	2.62	2.46	地方填报
规划管理	海岛保护与利用规划制定并实施	海岛保护与利用规划制定并实施	海岛保护与利用规划制定并实施	地方填报
村规民约建设	村规民约覆盖所有行政村	村规民约覆盖所有行政村	村规民约覆盖80%的行政村	地方填报
警务机构和社会治安满意度	设有警务机构，结案率70%	设有警务机构，结案率48%	设有警务机构，结案率100%	地方填报
珍稀濒危物种及栖息地、古树名木等保护情况	无	无	无	地方填报
海岛品牌建设	荣获6个省级以上荣誉称号	荣获4个省级以上荣誉称号	荣获5个省级以上荣誉称号	地方填报
资源循环利用和再生能源利用	有中水回用工程1处	有固体废弃物循环利用工程1处	无	地方填报
自然和历史人文遗迹保护	有其他典型的自然或历史人文遗迹1处，且保护有力	有省级以上文物保护单位或省级以上非物质文化遗产2处，且保护有力	有省级以上文物保护单位或省级以上非物质文化遗产、其他典型的自然或历史人文遗迹各1处，有且保护有力	地方填报
其他（重大事故）	无	无	无	海岛执法、海岛统计调查报表和资料补充收集

海岛生态指数和发展指数评价指标体系设计与验证

三、指标数据标准化处理

海岛发展指数指标数据标准化主要采用直接计算法、阈值计算法和赋值法，见表 3.4-3。

表 3.4-3　海岛发展指数指标数据标准化处理

标准化方法	适用指标	计算公式
直接计算法	植被覆盖率 自然岸线保有率 海岛周边海域水质达标率 污水处理率 垃圾处理率 社会保障情况	指标原始数值×100
	岛陆建设用地面积比例	120-指标原始数值×100（计算结果大于 100 时，取 100）
	每千名常住人口公共卫生人员数 人均拥有公共文化体育设施面积	指标原始数值/本年全国对应数值×100（计算结果大于 100 时，取 100）
阈值计算法	单位面积财政收入	阈值：本年全国沿海省(自治区、直辖市)平均值 　当海岛单位面积财政收入(或居民人均可支配收入)小于本年全国沿海省(自治区、直辖市)平均值时： 　　指标值 = 单位面积财政收入(或居民人均可支配收入)/本年全国沿海省(自治区、直辖市)平均值×60
	居民人均可支配收入	当海岛单位面积财政收入(或居民人均可支配收入)大于本年全国沿海省(自治区、直辖市)平均值时： 　　指标值 = [单位面积财政收入(或居民人均可支配收入)-本年全国沿海省(自治区、直辖市)平均值]/[本年海岛单位面积最高财政收入(或本年海岛居民最高人均可支配收入)-本年全国沿海省(自治区、直辖市)平均值]×40+60
	警务机构和社会治安满意度	阈值：是否有警务机构 警务机构和社会治安满意度 = 结案数/立案数×50+P/2 评价海岛设有警务机构的，P = 100；没有警务机构的，P = 50
赋值法	基础设施完备状况 防灾减灾设施 对外交通条件 教育设施情况 规划管理 村规民约建设 珍稀濒危物种及栖息地、古树名木保护 海岛品牌建设 资源循环利用和可再生能源利用 自然和历史人文遗迹保护	各指标具体标准化方法详见本书第三章第三节，以村规民约建设为例： 当村规民约覆盖所有行政村时，赋值 100； 当村规民约覆盖大于 50% 的行政村时，赋值 80； 当村规民约覆盖 20%~50% 的行政村时，赋值 50； 当村规民约覆盖小于 20% 的行政村时，赋值 0

1. 直接计算法

直接计算法是指直接将原始值带入设定好的单一公式计算得出指标标准化值。植被覆盖率、自然岸线保有率、污水处理率、垃圾处理率、社会保障情况、村规民约建设 6 个比率型指标，通过直接乘以 100 完成指标标准化。

对于岛陆建设用地面积比例、每千名常住人口公共卫生人员数、人均拥有公共文化体育设施面积指标，将直接代入公式计算。

2. 阈值计算法

对于单位面积财政收入、居民人均可支配收入指标，先设置一个判断阈值，并根据阈值设置不同的计算公式，然后将原始值与阈值进行比对，采用不同的公式进行计算。

3. 赋值法

当指标原始值满足一定条件时，通过赋值确定指标标准化值。

四、海岛发展指数计算

将标准化后的指标值代入公式(3.3-1)计算獐子岛、梅山岛和海陵岛的海岛发展指数，结果分别为 93.12、97.88 和 101.92(表 3.4-4)。

表 3.4-4　獐子岛、梅山岛、海陵岛的指标标准化值、权重与指数结果

评价指标	獐子岛	梅山岛	海陵岛	权重
单位面积财政收入	58.76	100	61.05	0.09
居民人均可支配收入	52.11	100	71.25	0.11
植被覆盖率	66.32	34.52	69.7	0.04
自然岸线保有率	70.37	3.19	74.52	0.04
岛陆建设用地面积比例	88.4	79	100	0.04
海岛周边海域水质达标率	100	0	92	0.04
污水处理率	70	90	80	0.04
垃圾处理率	100	100	100	0.04
基础设施完备状况	100	100	100	0.06
防灾减灾设施	85	92	100	0.05
对外交通条件	75	100	100	0.06
每千名常住人口公共卫生人员数	53.07	14.31	66.48	0.03

评价指标	獐子岛	梅山岛	海陵岛	权重
社会保障情况	100	97.5	99	0.05
教育设施情况	100	100	100	0.09
人均拥有公共文化体育设施面积	67.68	100	100	0.04
规划管理	100	100	100	0.08
村规民约建设	100	100	80	0.05
警务机构和社会治安满意度	85	74.23	100	0.05
珍稀濒危物种及栖息地、古树名木等保护情况	0	0	0	—
海岛品牌建设	10	10	10	—
资源循环利用和可再生能源利用	1	1	0	—
自然和历史人文遗迹保护	1	3	4	—
其他(重大事故)	0	0	0	—
海岛发展指数(IDI)	93.1	97.9	101.9	—

五、海岛发展指数评价

3 个海岛的发展指数得分均较高,表明 3 个海岛的综合发展水平较高。獐子岛是农渔业型海岛,海水养殖业较为发达,经济实力较强,海岛生态环境状况优,基础设施完备,社会保障参保率高,教育设施齐全,规划管理、村规民约建设及社会治安满意度均表现良好。污水处理率较低、陆岛交通方式单一、医疗卫生条件不足、公共文化体育设施不完备是制约獐子岛发展的主要影响因素。

梅山岛是工业型海岛,重点发展高端服务业,经济发展实力突出,同时社会民生、文化建设、社区治理等方面发展水平较高,综合成效较为突出。需要改进的是加强植被、自然岸线保护和恢复等,提高环境治理能力,同时加大公共医疗卫生投入,提高社会治安满意度。

海陵岛经济实力较强,生态环境状况优,社会民生、文化建设、社区治理等各方面发展成效突出。但是,海陵岛居民人均可支配收入距全国沿海平均水平还有一定差距,有待进一步提高;环境治理尤其是污水处理能力有待进一步加强,村规民约建设力度不够,资源循环利用和新能源开发潜力较大。

第四章

验证海岛概况

按照区域基本覆盖、海岛开发类型基本覆盖、海岛生态系统类型基本覆盖的原则，选取 40 个海岛开展生态指数评估，并对其中 30 个海岛开展发展指数评估。评估海岛涵盖除天津外的沿海 10 个省（自治区、直辖市），有旅游类海岛 18 个、农渔业类海岛 12 个、开发区类海岛 4 个、保护区类海岛 3 个、科技示范岛 2 个、未开发海岛 1 个；基岩类海岛 34 个，沙泥岛 5 个，珊瑚礁岛 1 个；有居民海岛 30 个，无居民海岛 10 个，有居民海岛以乡镇级海岛为主。评估海岛名录和概况见表 4.1-1。

表 4.1-1 海岛生态指数和发展指数实例评估概况

序号	海岛	所属省	海岛类型 1	海岛类型 2	主要发展产业
1	广鹿岛	辽宁大连	基岩岛	有居民海岛	旅游
2	獐子岛	辽宁大连	基岩岛	有居民海岛	渔业
3	鸳鸯岛 *	辽宁盘锦	沙泥岛	无居民海岛	保护区
4	菩提岛 *	河北唐山	沙泥岛	无居民海岛	旅游
5	北长山岛	山东烟台	基岩岛	有居民海岛	旅游、渔业
6	刘公岛	山东威海	基岩岛	有居民海岛	旅游
7	大公岛 *	山东青岛	基岩岛	无居民海岛	保护区
8	灵山岛	山东青岛	基岩岛	有居民海岛	渔业、旅游
9	秦山岛 *	江苏连云港	基岩岛	无居民海岛	旅游
10	连岛	江苏连云港	基岩岛	有居民海岛	旅游
11	长兴岛	上海崇明	沙泥岛	有居民海岛	开发区
12	枸杞岛	浙江舟山	基岩岛	有居民海岛	旅游
13	花鸟山岛	浙江舟山	基岩岛	有居民海岛	旅游
14	白沙山岛	浙江舟山	基岩岛	有居民海岛	旅游

序号	海岛	所属省	海岛类型1	海岛类型2	主要发展产业
15	六横岛	浙江舟山	基岩岛	有居民海岛	开发区
16	桃花岛	浙江舟山	基岩岛	有居民海岛	旅游
17	梅山岛	浙江宁波	基岩岛	有居民海岛	开发区
18	南田岛	浙江宁波	基岩岛	有居民海岛	农渔业
19	花岙岛	浙江宁波	基岩岛	有居民海岛	渔业、旅游
20	下大陈岛	浙江台州	基岩岛	有居民海岛	渔业、旅游
21	鹿西岛	浙江温州	基岩岛	有居民海岛	渔业、旅游
22	大嵛山	福建宁德	基岩岛	有居民海岛	旅游
23	琅岐岛	福建福州	沙泥岛	有居民海岛	渔业
24	平潭大屿*	福建平潭	基岩岛	无居民海岛	科技示范岛
25	东庠岛	福建平潭	基岩岛	有居民海岛	农渔业
26	南日岛	福建莆田	基岩岛	有居民海岛	渔业、旅游
27	湄洲岛	福建莆田	基岩岛	有居民海岛	文化旅游
28	海沧大屿*	福建厦门	基岩岛	无居民海岛	保护区
29	施公寮岛	广东汕尾	基岩岛	有居民海岛	渔业
30	大万山岛	广东珠海	基岩岛	有居民海岛	旅游
31	桂山岛	广东珠海	基岩岛	有居民海岛	旅游
32	黄麖洲*	广东江门	基岩岛	无居民海岛	科技示范岛
33	海陵岛	广东阳江	基岩岛	有居民海岛	旅游
34	东海岛	广东湛江	基岩岛	有居民海岛	开发区
35	涠洲岛	广西北海	基岩岛	有居民海岛	旅游
36	龙门岛	广西钦州	基岩岛	有居民海岛	农渔业
37	仙人井大岭*	广西钦州	基岩岛	无居民海岛	未开发
38	新埠岛	海南海口	沙泥岛	有居民海岛	渔业
39	分界洲*	海南三亚	基岩岛	无居民海岛	旅游
40	晋卿岛*	海南三沙	珊瑚礁	无居民海岛	旅游

注：* 表示只开展生态指数评估的无居民海岛。

一、评估海岛面积与人口

40 个海岛面积差异较大，东海岛面积最大，为 311.4 km^2；大公岛面积最小，为 0.15 km^2。评估海岛面积小于 10 km^2 的海岛占 62.5%，超过 100 km^2 的海岛仅有 5个（图 4.1-1）。

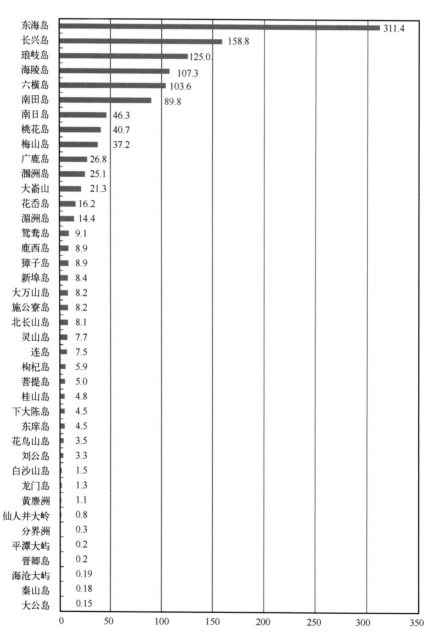

图 4.1-1　评估海岛面积（单位：km^2）

海岛生态指数和发展指数评价指标体系设计与验证

31 个海岛有常住人口，东海岛常住人口最多，2016 年年末常住人口为 204 165 人；其次是长兴岛、六横岛及海陵岛。海岛人口规模普遍较小，超过 60% 的海岛人口不足 1 万人（图 4.1-2）。

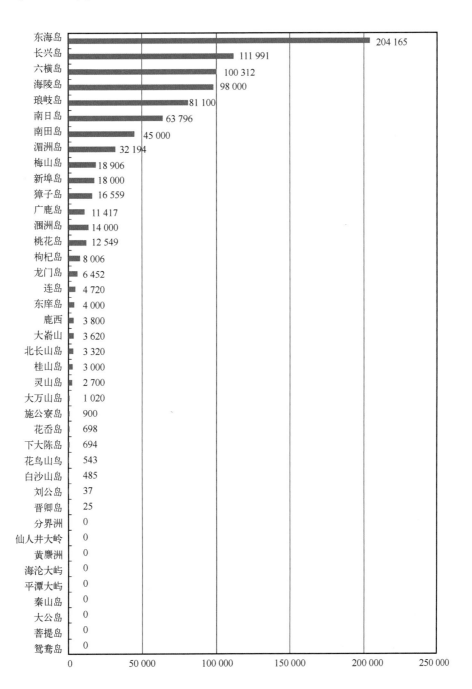

图 4.1-2 评估海岛 2016 年年末常住人口数（单位：人）

从人口密度（图 4.1-3）来看，龙门岛人口最为密集，其次是湄洲岛、新埠岛、獐子岛和南日岛，17 个海岛人口密度高于沿海省（自治区、直辖市）人口密度（468 人/km²）。

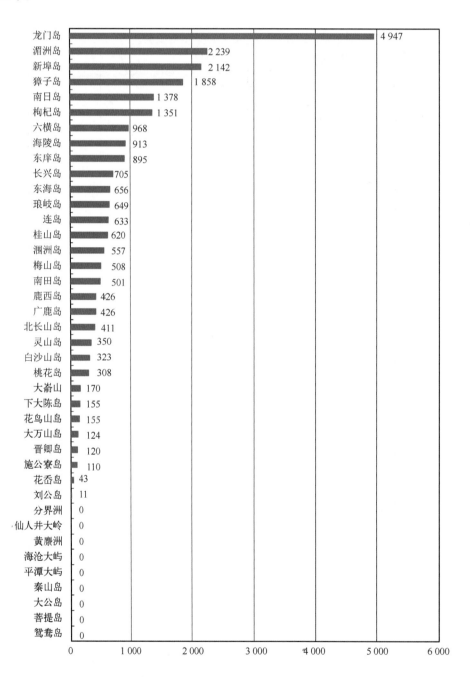

图 4.1-3　评估海岛 2016 年年末常住人口密度（单位：人/km²）

海岛生态指数和发展指数评价指标体系设计与验证

二、经济发展

对 30 个有居民海岛进行经济发展状况分析，结果如图 4.1-4 所示。2016 年，地方一般财政预算收入小于 1 亿元的海岛占 77%。从单位面积财政收入来看，大于沿海省（自治区、直辖市）单位面积财政收入（313 万元/km²）的海岛接近半数。从人均财政收入来看，仅 1/3 的海岛超过沿海省（直辖市、自治区）单位人口财政收入（6 688 元/km²），人均财政收入普遍偏低。

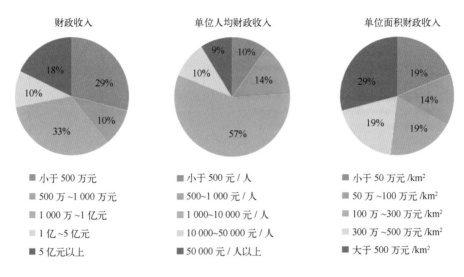

图 4.1-4 评估海岛 2016 年地方一般财政收入

从居民人均可支配收入（图 4.1-5）来看，梅山岛最高，为 46 995 元，其次是六横岛、花鸟山岛和獐子岛。除梅山岛外，其他海岛的居民人均可支配收入均低于沿海省（自治区、直辖市）居民人均可支配收入（31 129 元）。

三、生态环境

对 40 个海岛的生态环境状况进行分析，结果如图 4.1-6、图 4.1-7 和图 4.1-8 所示。2016 年，评估海岛大多以自然岸线为主，自然岸线保有率平均值为 65.5%。梅山岛、长兴岛、南日岛、琅岐岛和六横岛以人工岸线为主。

评估海岛植被覆盖率平均值为 60.1%，植被覆盖率超过 60% 的海岛超过半数，大嵛山植被覆盖率最高，为 96%。评估海岛岛陆建设面积比例平均值为 24.4%，建设面积比例小于 20% 的海岛近一半。新埠岛的建设面积比例最高，为 84.4%。

评估海岛平均污水处理率为 69.1%，平均垃圾处理率为 92%。42% 的海岛实现 100% 污水达标处理，25% 的海岛未实现 100% 垃圾处理。

海岛生态指数和发展指数评价指标体系设计与验证

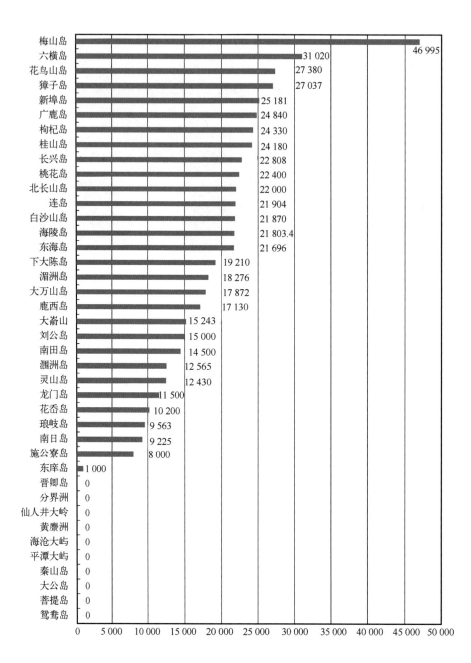

图 4.1-5　评估海岛 2016 年居民人均可支配收入(单位：元)

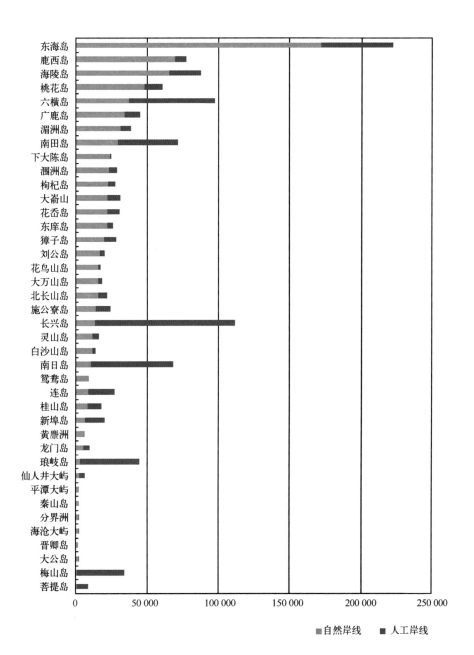

图 4.1-6 评估海岛 2016 年海岸线情况(单位: m)

海岛生态指数和发展指数评价指标体系设计与验证

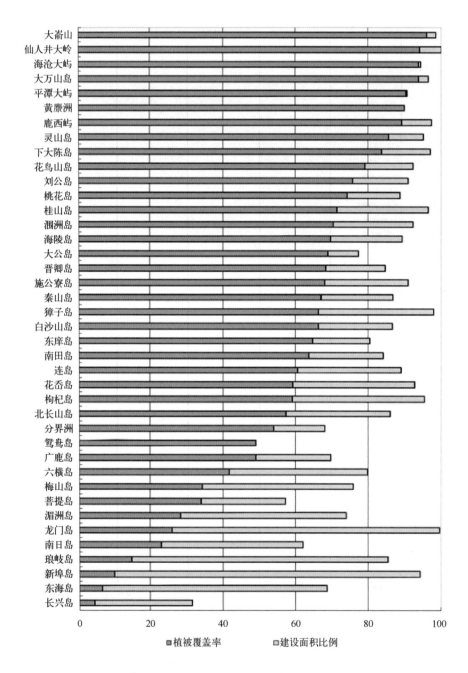

图 4.1-7　评估海岛 2016 年植被覆盖率与建设用岛面积比例(单位:%)

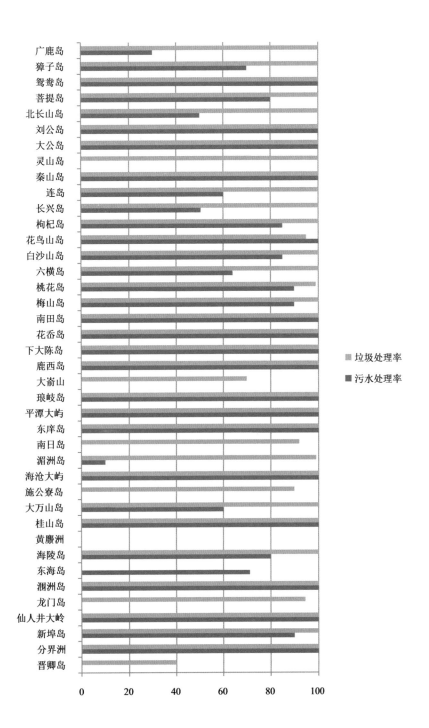

图 4.1-8　评估海岛 2016 年污水处理率和垃圾处理率(单位:%)

四、社会保障

评估海岛平均每千名常住人口公共卫生人员数为 5.0，小于沿海省（自治区、直辖市）每千名常住人口公共卫生人员数(6.6)，仅 3 个海岛每千名常住人口公共卫生人员数达到沿海省（自治区、直辖市）水平。按照《城市居住区规划设计规范》(2002 年版)：人口为 10 000~15 000 人规模的居住区必须设小学，人口为 30 000~50 000 人规模的居住区必须设中学的要求，评估海岛学校设置均符合规范，建设有必要的小学、初级中学。评估海岛人均拥有公共文化体育设施面积的平均值为 1.8 m²/人，仅 8 个海岛高于全国平均水平(1.4 m²/人)。评估海岛平均社会养老保险覆盖率 88.1%，平均医疗保险覆盖率 96.7%。

第五章

海岛生态指数评价结果

第一节 评价结果

一、总体评价结果

40个海岛生态指数的测算结果见表5.1-1。海岛生态指数得分大于等于80，生态状况优的海岛18个，占45%；海岛生态指数得分为65~80，生态状况良的海岛13个，占32.5%；海岛生态指数得分为50~65，生态状况一般的海岛6个，占15%；海岛生态指数得分小于50，生态状况较差的海岛3个，占7.5%。福建的海沧大屿生态指数最高，为104.7，刘公岛、大公岛和涠洲岛的海岛生态指数也超过100。

表5.1-1 40个海岛2016年生态指数评估结果

序号	行政隶属	海岛	生态指数得分	评价结果
1	辽宁	广鹿岛	83.2	优
2	辽宁	獐子岛	83.8	优
3	辽宁	鸳鸯岛	84.8	优
4	河北	菩提岛	69.4	良
5	山东	北长山岛	80	优
6	山东	刘公岛	102.1	优
7	山东	大公岛	103	优
8	山东	灵山岛	84.6	优
9	江苏	秦山岛	89	优
10	江苏	连岛	69.7	良
11	上海	长兴岛	47.8	差
12	浙江	枸杞岛	70.8	良
13	浙江	花鸟山岛	90.2	优
14	浙江	白沙山岛	78.4	良

序号	行政隶属	海岛	生态指数得分	评价结果
15	浙江	六横岛	60.8	中
16	浙江	桃花岛	76.4	良
17	浙江	梅山岛	58.1	中
18	浙江	南田岛	78	良
19	浙江	花岙岛	81.4	优
20	浙江	下大陈岛	88.2	优
21	浙江	鹿西岛	87.8	优
22	福建	大嶝山	77.2	良
23	福建	琅岐岛	48.8	差
24	福建	平潭大屿	97.9	优
25	福建	东庠岛	81.8	优
26	福建	南日岛	65.1	良
27	福建	湄洲岛	67.1	良
28	福建	海沧大屿	104.7	优
29	广东	施公寮岛	59.4	中
30	广东	大万山岛	72.6	良
31	广东	桂山岛	67.2	良
32	广东	黄麖洲	62.9	中
33	广东	海陵岛	92.5	优
34	广东	东海岛	56.4	中
35	广西	涠洲岛	100.1	优
36	广西	龙门岛	46.6	差
37	广西	仙人井大岭	76.9	良
38	海南	新埠岛	57.9	中
39	海南	分界洲	87.9	优
40	海南	晋卿岛	73.7	良

二、不同保护利用模式的海岛生态指数分布

不同保护利用模式的海岛生态指数有较为显著差异(图 5.1-1,表 5.1-2)。保护区和未利用海岛指数均值 88.4,旅游型海岛指数均值 80.4,均超过生态评价"优"的标准值;农渔业型海岛指数均值 71.9,位于生态评价"良"的标准范围;工业型海岛指数均值 55.8,属于生态评价"中"的水平。总体来看,保护区和未利用海岛、旅游型海岛的生态优良比例明显高于农渔业型海岛和工业型海岛;工业型海岛生态指数均未达到优良标准。

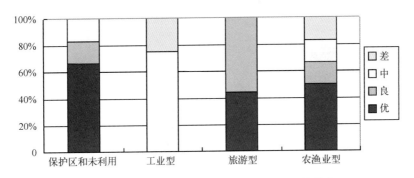

图 5.1-1 不同开发利用模式的海岛生态指数分布

表 5.1-2 不同开发利用模式的海岛生态指数统计

海岛类型	保护区和未利用 (6 个海岛)	工业型 (4 个海岛)	旅游型 (18 个海岛)	农渔业型 (12 个海岛)
生态状态优	66.6%	0	44.4%	50.0%
生态状态良	16.7%	0	55.6%	16.6%
生态状态中	16.7%	75%	0	16.7%
生态状态差	0	25%	0	16.7%
最大 IEI 值	104.7	60.8	102.1	88.2
最小 IEI 值	62.9	47.8	67.1	46.6
平均 IEI 值	88.4	55.8	80.4	71.9

三、不同区域海岛生态指数分布

黄渤海、东海和南海均以生态优良海岛为主，黄渤海生态优良比例最高，其次为东海、南海，各海区平均指数值依次为 85、75.6 和 71.2，均达到了生态评价"良"的标准(图 5.1-2 和表 5.1-3)。评估海岛中，黄渤海以旅游型、渔业型和保护区海岛为主，没有工业类海岛参与评估；东海海岛和南海海岛参评数量多于黄渤海，海岛开发利用类型齐全，其中工业型、部分农渔业型海岛生态指数值偏低，影响区域生态指数。

表 5.1-3 不同区域的海岛生态指数统计

海岛类型	黄渤海海岛(10 个海岛)	东海海岛(18 个海岛)	南海海岛(12 个海岛)
优	80%	39%	25%
良	20%	39%	33%
中	0%	11%	34%
差	0%	11%	8%
最大 IEI 值	103	104.7	100.1
最小 IEI 值	69.4	47.8	46.6
平均 IEI 值	85	75.6	71.2

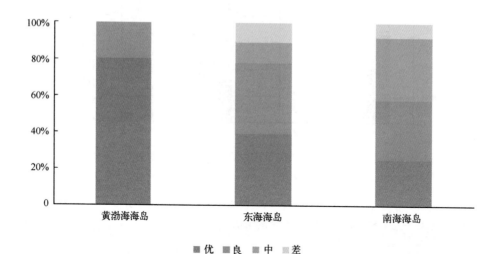

此处为图表内容

图 5.1-2　不同区域海岛的生态指数分布

四、有居民海岛和无居民海岛生态指数分布

有居民海岛中，生态优良海岛占 73%，生态评价"中"和"差"的海岛占 27%；无居民海岛中，生态优良海岛占 90%，生态评价"中"和"差"的海岛占 10%（图 5.1-3）。从指数均值及极值分布来看，无居民海岛生态指数显著好于有居民海岛（表 5.1-4）。

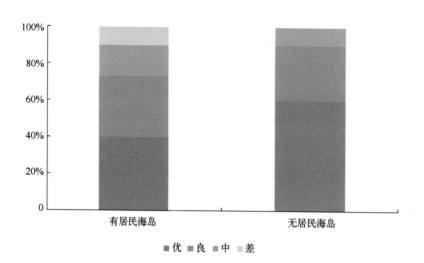

图 5.1-3　有居民海岛和无居民海岛的生态指数分布

表 5. 1-4　有居民海岛和无居民海岛生态指数统计

海岛类型	有居民海岛(30 个海岛)	无居民海岛(10 个海岛)
优	40%	60%
良	33%	30%
中	17%	10%
差	10%	0%
最大 IEI 值	102.1	104.7
最小 IEI 值	46.6	62.9
平均 IEI 值	73.8	85

第二节　海岛生态指数分析

一、生态指数综合分析

1. 生态评价"优"的海岛指数与指标分析

生态评价"优"的海岛全部指标均表现良好，见表 5.2-1。在生态环境方面，这些海岛的平均植被覆盖率为 70.8%，平均自然岸线保有率达到 85.5%，55.6% 的海岛周边海域水质 2016 年全年均达到国家第一类、第二类海水水质标准，部分东海海岛、河口海岛及离岸很近、受大陆影响较大的海岛周边海域全年水质未达到国家第二类海水水质标准。在生态利用方面，生态评价"优"的海岛平均污水处理率 85%，平均垃圾处理率 99.7%；岛陆建设面积比例最大为 33.5%，平均比例小于 20%，指标得分均值为 98 分，建设比例均较小，环境保护设施配套良好，对海岛生态环境影响微弱。在生态管理方面，制定并实施了海岛规划的海岛占 72.2%，已制定规划但待实施的海岛占 22.2%，没有制定规划的海岛仅 1 个，占 5.6%，大部分采取了积极有效的生态管理措施。在特色保护方面，生态评价"优"的海岛均开展了生态特色保护，特色指标平均得分 6.6。

表 5.2-1　海岛生态指数指标得分均值

海岛生态状况	植被覆盖率	自然岸线保有率	周边海域水质达标率	岛陆建设用地面积比例	污水处理率	垃圾处理率	规划制定与实施	特色保护
优	70.8	85.5	67	98	85	99.7	83.3	6.6
良	64.1	64.4	33.7	90.8	59.2	92.3	73.1	3.5
中	41.8	51.6	56	75.2	52.5	65	66.7	2.3
差	15	25.6	0	47.2	50.2	98.1	100	4

2. 生态评价"良"的海岛指数与指标分析

生态评价"良"的海岛大部分指标表现良好。在生态环境方面，这些海岛平均植被覆盖率 64.1%，平均自然岸线保有率 64.4%，仅 23.1% 的海岛周边海域水质 2016 年全年均达到国家第一类、第二类海水水质标准，超过 50% 的海岛周边海域水质全年均未达到国家第二类海水水质标准。生态评价"良"的海岛在生态环境三个指标上均不及生态评价为"优"的海岛，整体生态水平下降。在生态利用方面，生态评价"良"的海岛平均污水处理率 59.2%，平均垃圾处理率 92.3%；岛陆建设面积比例最大为 65.9%，平均比例约 25%，得分均值为 90.8 分，建设比例较小，环境保护设施配套较好，对海岛生态环境影响较小。与生态评价"优"的海岛相比，海岛生态利用水平整体下降。在生态管理方面，制定并实施了海岛规划的占 69.2%，制定规划但待实施的海岛占 7.7%，没有规划的海岛 3 个，占 23.1%。生态评价"良"的海岛大部分采取了积极有效的生态管理措施，但未制定规划的海岛比例高于生态评价"优"的海岛。在特色保护方面，生态评价"良"的海岛大部分开展了生态特色保护，特色指标平均得分 3.5。

3. 生态评价"中"的海岛指数与指标分析

生态评价"中"的海岛仅个别指标表现良好，大部分指标表现一般。在生态环境方面，生态评价"中"的海岛平均植被覆盖率 41.8%，平均自然岸线保有率 51.6%，33.1% 的海岛周边海域水质 2016 年全年均达到国家第一类、第二类海水水质标准，33.3% 的海岛周边海域水质全年均未达到国家第二类海水水质标准。生态评价"中"的海岛在生态环境三个指标中，植被覆盖率、自然岸线保有率表现不及生态优良海岛，仅周边海域水质情况略好于生态评价"良"的海岛。在生态利用方面，生态评价"中"的海岛平均污水处理率 52.5%，平均垃圾处理率 65.0%，岛陆建设面积比例最大为 84.4%，平均比例约 40%，得分均值为 75.2 分；生态评价"中"的海岛建设比例普遍较大，垃圾处理设施配套程度低，处理率较小，对海岛生态环境具有一定影响。与生态评价"良"的海岛相比，海岛生态利用的岛陆建设面积比例、垃圾处理率水平下降明显，污水处理率相当。在生态管理方面，制定并实施了海岛规划的占 66.7%，没有制定规划的海岛占 33.3%，生态评价"中"的海岛大部分采取了积极有效的生态管理措施，但未制定规划的海岛比例稍高于生态评价"良"的海岛。在特色保护方面，有一半生态评价"中"的海岛开展了生态特色保护，特色指标平均得分 2.3。

4. 生态评价"差"的海岛指数与指标分析

生态评价"差"的海岛大部分指标表现一般。在生态环境方面，生态评价"差"的海岛平均植被覆盖率 15%，平均自然岸线保有率 25.6%，海岛周边海域水质 2016 年全年均未达到国家第一类、第二类海水水质标准。生态评价"差"的海岛在生态环境的三个指标上均表现欠佳。在生态利用方面，这些海岛平均污水处理率 50.2%，平均垃圾处理率 98.2%；岛陆建设面积比例最大为 78.5%，平均比例约 72.8%，得分均值为 47.2

分，建设比例普遍较大，严重影响海岛生态环境。与生态评价"中"的海岛相比，岛陆建设面积比例更大，污水处理率相当，垃圾处理率则较高。在生态管理方面，生态评价"差"的海岛全部制定并实施了海岛规划，采取了积极有效的生态管理措施，制定规划的海岛比例高于其他海岛。在特色保护方面，生态评价"差"的海岛均开展了生态特色保护，特色指标平均得分为 4，高于生态评价"中"的海岛。综合分析可知，生态评价"差"的海岛植被覆盖率低、岛陆建设面积比例过高、周边海域水质不佳，严重影响了海岛的生态环境状况。

二、各分指数的指标分析

1. 海岛生态指数与分指数

海岛生态指数是由生态环境、生态利用和生态管理三个方面组成，如图 5.2-1 所示。生态环境分指数和生态利用分指数与海岛生态指数分布趋势一致，因此，对海岛生态指数起到决定作用。生态环境分指数、生态利用分指数表现出相关性，即生态环境分指数得分较高的岛，其生态利用分指数得分也较高；反之，生态环境分指数得分较低的岛，其生态利用分指数得分也相对偏低。

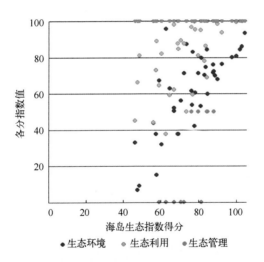

统计内容	海岛生态指数	生态环境分指数	生态利用分指数	生态管理分指数
最小值	46.6	6.7	37.5	0
最大值	104.7	95.8	100	100
极差	58.1	89.2	62.5	100
均值	76.6	61.2	83.8	78.8
中位数	77.6	67.5	89.1	100

图 5.2-1　海岛生态指数的各分指数值分布

生态环境分指数指标值普遍偏低，平均值仅 61.2，最大值为 95.8，是海岛生态指数的最重要制约因素。生态利用分指数主要体现人类与海岛生态环境的相互关系，其均值为 83.8，中位数为 89.1，最大值为 100。总体来看，除部分工业型海岛外，大部分海岛开发和利用活动未对海岛产生严重的不良影响。海岛生态管理分指数在海岛间区别较小，大多数海岛能够得到 100 分，仅少数海岛为 50 分或 0 分，体现了海岛生态保护政策与措施落实的一致性，对海岛生态指数的影响最小。其他指标是评价海岛特别情况的非通用指标，2016 年评价海岛均未发生负向指标内容；生态保护指标平均得分 4.8，80% 的海岛有特色保护内容并采取了积极的保护措施。

2. 生态环境分指数主要影响指标分析

2016 年海岛周边海域水质达标率指标是海岛生态环境分指数的主要限制指标，得分均值仅 49.5，近一半的海岛周围海域水质劣于国家第二类海水水质标准，如图 5.2-2 所示。植被覆盖率指标整体表现良好，有 60% 的海岛植被覆盖率超过 60%。自然岸线保有率指标表现相对较好，有 27.5% 的海岛自然岸线保有率大于 85%，有 47.5% 的海岛自然岸线保有率大于 80%。总体来说，海岛生态环境分指数的三个指标对生态指数发挥基础作用。

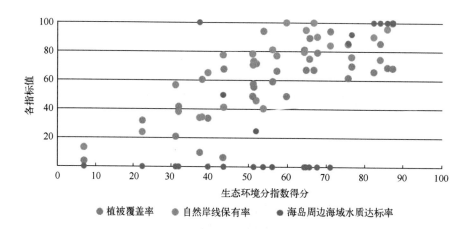

统计内容	生态环境分指数	植被覆盖率指标	自然岸线保有率指标	海岛周边海域水质达标率指标
最小值	6.7	4.3	3.2	0
最大值	96.2	96	100	100
极差	89.5	91.7	96.8	100
均值	61.6	60.1	69.1	49.5
中位数	67.5	66.3	78.5	41.5
标准差	22.9	25.9	28	47.6

图 5.2-2　海岛生态环境分指数各指标分布

3. 生态利用分指数主要影响指标分析

2016 年污水处理率指标是海岛生态利用分指数的限制指标，指标均值仅 69.1，超过一半的海岛未实现污水 100% 处理。岛陆建设面积比例指标和垃圾处理率指标则表现较好，50% 的海岛岛陆建设面积比例小于 20%，75% 的海岛实现垃圾处理率 100%。如图 5.2-3 所示。

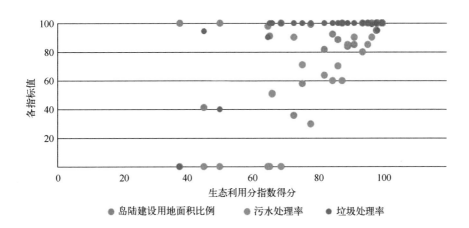

统计内容	生态利用分指数	岛陆建设用地面积比例指标	污水处理率指标	垃圾处理率指标
最小值	37.5	35.6	0	0
最大值	100	100	100	100
极差	62.5	64.4	100	100
均值	83.8	88.4	69.1	92
中位数	89.1	99.8	87.5	100
标准差	18.6	18.7	38.4	23.8

图 5.2-3　海岛生态利用分指数各指标分布

生态利用分指数分别与岛陆建设用地面积比例指标、污水处理率指标、垃圾处理率指标表现出高度相关性，同时，污水处理率指标和垃圾处理率指标表现出相关性和趋势一致性。对于同一海岛，在岛陆建设用地和环境保护方面可能存在极大差异。生态利用分指数的指标与人类活动相关，当低值指标得到有效改善时，可以显著提高分指数指标值。因此，需要继续完善基于生态系统管理的政策措施，真正将人类活动纳入海岛管理，持续加强开发利用活动管理。

4. 生态管理分指数的指标情况

海岛生态管理分指数仅设置了海岛保护规划制定与实施情况一个指标。72.5% 的海岛制定并实施了海岛的单岛规划或城乡规划，12.5% 的海岛正在编制或已经编制待实施海岛规划，仅 15% 的海岛未编制相关规划。海岛保护规划制定与实施情况是海岛生态指数的促进指标。

5. 特色保护指标情况

特色保护指海岛珍稀濒危物种及栖息地、古树名木、自然和历史人文遗迹等保护情况，特色保护指标情况统计见表5.2-2。40个海岛特色保护指标平均得分4.8，80%的海岛有特色保护内容并采取了积极的保护措施，15%的海岛具有多项保护内容，得10分。自然、历史和人文遗迹在海岛分布普遍，超过30%的海岛拥有省级及以上自然、历史和人文遗迹并采取了保护措施。20%的海岛是珍稀濒危物种的栖息地并进行了保护。有居民海岛和无居民海岛在特色保护方面没有差异。从区域来看，黄渤海海岛的特色保护指标平均得分7.7，高于其他海区。

表5.2-2　特色保护指标情况统计

特色保护内容	指标得分	海岛数	占比
没有特色保护内容和措施	0 分	8	20%
有古树名木或一般自然、历史景观遗迹并采取了保护	2 分	10	25%
有古树名木和一般自然、历史景观遗迹并采取了保护	4 分	1	2.5%
有省级以上历史人文遗迹或非物质文化遗产并采取了保护	5 分	1	2.5%
有省级以上及一般的历史人文遗迹或非物质文化遗产，并采取了保护	7 分	11	27.5%
是珍稀濒危物种的栖息地并采取了保护	8 分	3	7.5%
采取以上多项保护措施，累计得分大于等于10分	10 分	6	15%

第六章

海岛发展指数评价结果

第一节　评价结果

选取 30 个海岛进行开展发展指数计算与评价。30 个海岛中 2016 年发展指数最高的是海陵岛，为 101.9，其次是梅山岛（97.9）、刘公岛（97.3）、獐子岛（93.1）和花鸟山岛（92.5），而龙门岛、琅岐岛、施公寮岛等海岛指数排名靠后，指数最高的海陵岛比最低的施公寮岛得分高出近 1 倍，如表 6.1-1 和图 6.1-1 所示。

30 个海岛的发展指数的平均值超过 82.4，反映出近年来我国海岛发展取得了长足进步，但总体尚处于中等发展水平，经济发展、生态环境、社会民生、文化建设和社区治理等综合发展能力有待进一步提升。

表 6.1-1　海岛发展指数评价结果及排名

所属省	所属市	开发利用模式	海岛名称	经济发展分指数	生态环境分指数	社会民生分指数	文化建设分指数	社区治理分指数	综合成效	发展指数	排名
辽宁	大连	旅游	广鹿岛	28.3	75.8	92.4	100	96.7	10	87.4	11
		渔业	獐子岛	55.1	82.5	85.4	90.1	95.8	12	93.1	4
山东	烟台	旅游、渔业	北长山岛	29.7	78.2	82.3	79.2	75.6	9	78.2	21
	威海	旅游	刘公岛	52	93.5	97	100	67.6	15	97.3	3
	青岛	渔业、旅游	灵山岛	42.8	76.7	88.6	75.3	77.8	16	88.9	9
江苏	连云港	旅游	连岛	50.3	57.6	85.2	97.2	100	15	90.8	6
上海	上海市	开发区	长兴岛	52	35.8	90.2	69.6	96.5	4	72	25

所属省	所属市	开发利用模式	海岛名称	经济发展分指数	生态环境分指数	社会民生分指数	文化建设分指数	社区治理分指数	综合成效	发展指数	排名
浙江	舟山	旅游	枸杞岛	30	68.2	80.1	78.1	54.1	9	71.3	26
		旅游	花鸟山岛	34.9	77.4	88	100	100	14	92.5	5
		旅游	白沙山岛	34.7	72.7	95.9	100	86.1	10	86.9	12
		开发区	六横岛	60.8	54.3	92.6	100	93.9	12	90.3	7
		旅游	桃花岛	39.5	73.8	86.9	75.4	77.8	13	84.1	15
	宁波	开发区	梅山岛	100	51.1	87.6	100	92.8	14	97.9	2
		农渔业	南田岛	20.7	67.5	84	78	97.2	16	85	14
		渔业、旅游	花岙岛	11.1	69.8	88.1	85	86.1	14	81.5	18
	台州	渔业、旅游	下大陈岛	29	80.1	97.9	100	63.9	14	88	10
	温州	渔业、旅游	鹿西岛	31	79.9	74.4	100	100	8	83	16
福建	宁德	旅游	大嵛山	16.6	69.5	78	90.5	100	11	80.3	20
	福州	渔业	琅岐岛	13.5	45.2	86.5	76.5	86.1	1	61.6	29
	平潭	农渔业	东庠岛	28.1	91.5	70.8	100	55.6	1	69.3	27
	莆田	渔业、旅游	南日岛	12.2	63.4	75.6	78.9	96.6	10	74.2	24
		文化旅游	湄洲岛	45.7	54.5	78.5	99.8	98.5	14	86.5	13
广东	汕尾	渔业	施公寮岛	8.8	66.3	68.6	83.9	34.7	1	53	30
	珠海	旅游	大万山岛	46.6	73	93.7	82.6	48.6	13	82.7	17
		旅游	桂山岛	55.3	72.7	89.8	100	55.6	7	81	19
	阳江	旅游	海陵岛	66.7	86	95.8	100	94.4	14	101.9	1
	湛江	开发区	东海岛	64.4	43.7	87.5	99.9	82.4	5	78.1	22
广西	北海	旅游	涠洲岛	44.3	91.7	74.6	100	58.3	17	90	8
	钦州	农渔业	龙门岛	39.2	37.3	80.6	69.6	92.5	6	68.6	28
海南	海口	渔业	新埠岛	56.6	61.6	91	73.9	92.8	0	75.2	23

海岛生态指数和发展指数评价指标体系设计与验证

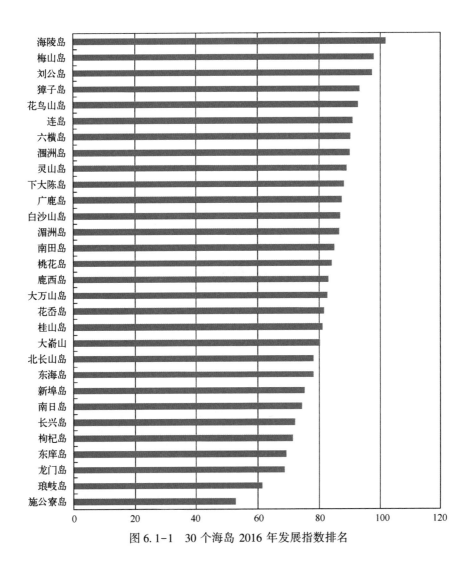

图 6.1-1　30 个海岛 2016 年发展指数排名

一、不同开发利用模式海岛发展指数对比分析

根据各海岛的开发利用主导类型，可将 30 个海岛的开发利用模式分为三类：旅游型海岛、农渔业型海岛和工业型海岛。评价结果显示，不同开发利用模式的海岛发展指数总体上呈现一定的规律，如表 6.1-2 和图 6.1-2 所示。

表 6.1-2　不同开发利用模式的海岛发展指数评估结果

开发利用模式	经济发展分指数均值	生态环境分指数均值	社会民生分指数均值	文化建设分指数均值	社区治理分指数均值	综合成效均值	发展指数均值
旅游型(14 个)	38.3	69.7	81.2	86.8	74.2	11.4	80.7
农渔业型(12 个)	29	68.5	82.6	84.3	81.6	8.3	76.8
工业型(4 个)	69.3	46.3	89.5	92.4	91.4	8.8	84.6

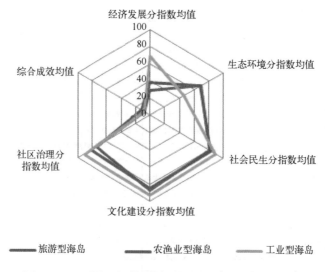

图 6.1-2　不同开发利用模式的海岛发展指数对比情况

总体来看，三类开发利用模式的海岛社会民生、文化建设、社区治理发展水平均较高，且发展较为均衡。工业型海岛的发展指数最高，农渔业型海岛的发展指数最低。长兴岛、六横岛、梅山岛、东海岛 4 个工业型海岛均为乡镇级海岛，工业产值较高，经济实力明显强于旅游型海岛和农渔业型海岛，基础设施条件、公共服务能力、社区治理能力等也优于其他两种类型，但生态环境质量明显劣于旅游型海岛和农渔业型海岛，需要在经济发展的过程中加强生态环境保护。

旅游型海岛生态环境状况总体优于农渔业型海岛和工业型海岛，且发展成效最为显著，经济发展与工业型海岛仍有差距，社会民生、社区治理水平低于工业型海岛和农渔业型海岛，需进一步挖掘海岛旅游发展潜力，同时更加注重社会民生改善和社区治理。农渔业型海岛的经济发展实力、文化建设水平相对落后，发展成效不显著，社会民生、社区治理等各方面均有待进一步提升，农渔业型海岛的转型升级压力较大。

海岛主导产业是决定海岛开发利用模式的决定因素之一，也是影响海岛发展水平的关键因素之一。下面以工业型海岛为例，分析海岛主导产业对海岛发展的影响。

如图 6.1-3 所示，在长兴岛、六横岛、梅山岛、东海岛这 4 个工业型海岛中，梅山岛的海岛发展指数最高，六横岛次之，长兴岛最低。梅山岛属于高科技保税区，重点发展国际贸易、现代物流、航运、金融及商务服务等高端服务业，产业附加值高，其经济发展实力最强，同时生态环境质量较高，管理创新能力、综合发展成效显著；六横岛的主导产业是高技术船舶修造，附加值最高，其经济发展较强；长兴岛重点发展港口交通运输业，属于附加值较高的海洋服务业，经济发展、社会民生、文化建设、社区治理等各方面发展较为均衡，但生态环境质量较低，是制约海岛综合发展水平的主要因素；东海岛主要发展化工和钢铁业，属高能耗产业，海岛生态环境质量较低，社区治理水平偏低，是影响海岛发展的主要制约因素。

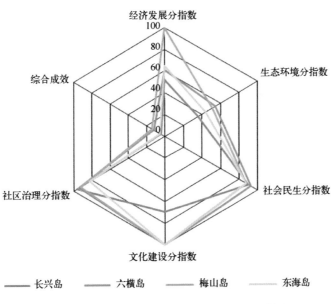

图 6.1-3　工业型海岛的海岛发展指数评价结果

　　由此看出，大力发展海洋高端装备制造业等海洋战略性新兴产业和涉海金融、海洋交通运输业等现代海洋服务业，提高产业附加值，促进海岛产业转型升级，有助于提升海岛整体发展水平。

二、不同区域海岛发展指数对比分析

　　如表6.1-3和图6.1-4所示，北海区（即黄渤海区）海岛发展指数均值最高，东海区海岛次之，南海区海岛最低。北海区海岛的生态环境分指数均值、社会民生分指数均值高于其他两个海区的海岛，而且发展成效最为显著。东海区海岛的文化建设分指数均值、社区治理分指数均值高于其他两个海区的海岛，经济发展、生态环境、社会民生是影响其发展的主要制约因素。南海区海岛的经济发展分指数均值最高，但社区治理能力相对较低，而且发展成效不显著。可以看出，影响北海区海岛发展水平的主要因素是经济实力，制约东海区海岛发展水平的主要因素是经济实力和生态环境，南海区海岛发展的主要制约因素是生态环境和社区治理能力。

表 6.1-3　不同海区的海岛发展指数均值

所属海区	经济发展分指数均值	生态环境分指数均值	社会民生分指数均值	文化建设分指数均值	社区治理分指数均值	综合成效均值	发展指数均值
北海区	41.6	81.3	89.1	88.9	82.7	12.4	89
东海区	35.9	65.4	84.7	89.9	87.4	10.6	82.1
南海区	47.7	66.6	85.2	88.7	69.9	7.9	78.8

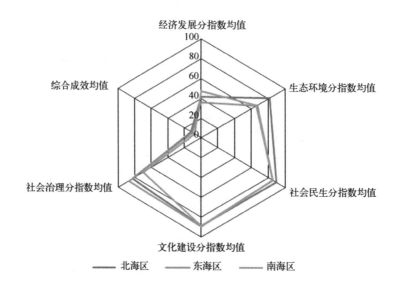

图 6.1-4　不同海区的海岛发展指数均值对比

第二节　海岛发展指数分析

海岛发展指数是由经济发展、生态环境、社会民生、文化建设和社区治理 5 个分指数组成。各分指数评价结果显示，30 个海岛的经济发展分指数得分整体较低，绝大多数低于 60，且发展差距明显；生态环境分指数得分总体处于良好水平，但差异明显；社会民生指数、文化建设指数整体得分较高，发展较为均衡；社区治理分指数得分整体较高，差异也较为明显。表明受地理区位、开发利用模式、离岸距离等因素影响，我国海岛经济、生态、社会、文化、治理等方面发展差异明显。

一、经济发展分指数

如图 6.2-1 所示，经济发展分指数得分排名靠前的为工业型海岛，梅山岛、海陵岛、东海岛、六横岛的得分均超过了 60，其中梅山岛最高，为 100。施公寮岛、花岙岛、南日岛、琅岐岛等经济发展分指数得分排名靠后，其中施公寮岛最低。

如图 6.2-2 所示，经济发展分指数与单位面积财政收入指标、居民人均可支配收入指标表现出高度的正相关性，同时，单位面积财政收入指标、居民人均可支配收入指标表现出较高的相关性和趋势一致性。一般而言，财政收入较高的海岛，其居民人均可支配收入也较高。

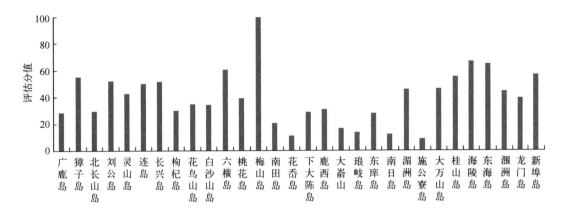

图 6.2-1　经济发展分指数评估结果

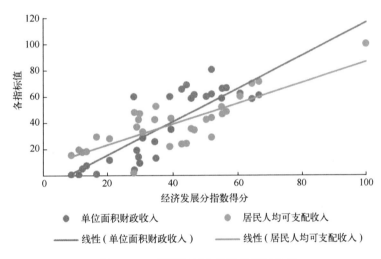

图 6.2-2　经济发展分指数各指标分布

二、生态环境分指数

如图 6.2-3 所示，刘公岛、涠洲岛、东庠岛、海陵岛等海岛的生态环境分指数排名靠前，其中，刘公岛、涠洲岛、东庠岛的得分均超过了 90。长兴岛、龙门岛、东海岛、琅岐岛等海岛的生态环境分指数排名靠后。

如图 6.2-4 所示，在植被覆盖率、自然岸线保有率、岛陆建设用地面积比例、海岛周边海域水质达标率、污水处理率、垃圾处理率 6 个指标中，生态环境分指数与植被覆盖率指标、自然岸线保有率指标、岛陆建设用地面积比例指标表现的相关性更显

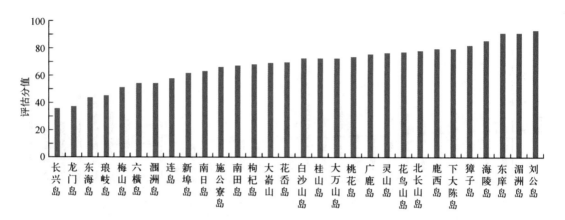

图 6.2-3　生态环境分指数评估结果

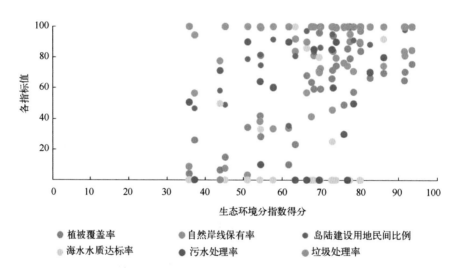

图 6.2-4　生态环境分指数各指标分布

著，与海岛周边海域水质达标率指标、污水处理率指标也具有一定的相关性。由于大部分海岛的垃圾处理率较高，与生态环境分指数的相关性不强。因此，植被覆盖率、自然岸线保有率、岛陆建设用地面积比例是影响生态环境状况的主要因素，海水水质、污水处理率对生态环境状况的影响也较强。

三、社会民生分指数

如图 6.2-5 所示，下大陈岛、刘公岛、白沙山岛、海陵岛等海岛的社会民生分指数排名靠前，其中，下大陈岛最高。施公寮岛、东库岛、鹿西岛等海岛的社会民生分指数排名靠后。

如图 6.2-6 所示，各岛社会民生分指数得分整体较高，社会民生分指数与社会保障情况指标、每千名常住人口公共卫生人员数指标表现出较高的相关性，表明公共服务能力对社会民生发展水平的影响较大。

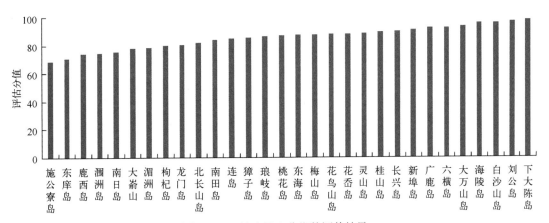

图 6.2-5　社会民生分指数评估结果

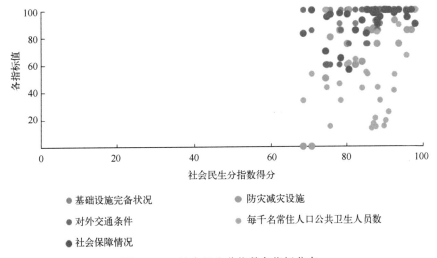

图 6.2-6　社会民生分指数各指标分布

四、文化建设分指数

如图 6.2-7 所示，文化建设分指数得分整体较高，均超过了 60，平均值高达 89.4，有 14 个海岛的文化建设分指数为 100 分。

如图 6.2-8 所示，文化建设分指数得分整体较高，反映出海岛文化建设整体处于中上水平。30 个评估的海岛中，教育设施均比较完备，人均拥有公共文化体育设施面积是影响文化建设水平的主要因素。

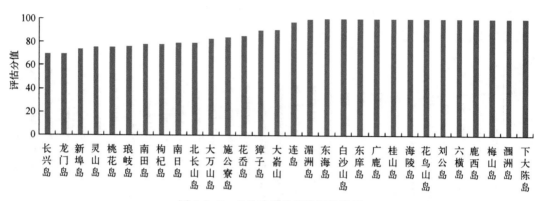

图 6.2-7　文化建设分指数评估结果

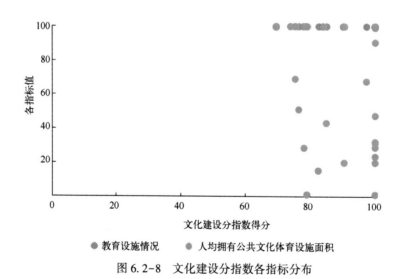

●教育设施情况　　　●人均拥有公共文化体育设施面积

图 6.2-8　文化建设分指数各指标分布

五、社区治理分指数

如图 6.2-9 所示，大嶝山、鹿西岛、花鸟山岛、连岛的社区治理分指数排名最高，均为 100，施公寮岛、大万山岛、枸杞岛、东库岛、桂山岛、涠洲岛等海岛的社区治理分指数排名靠后，均低于 60，其中施公寮岛最低。

如图 6.2-10 所示，社区治理分指数与警务机构和社会治安满意度指标高度正相关，与规划管理指标相关性较强；因各海岛村规民约覆盖率较高，与村规民约建设指标相关性不突出。因此，警务机构和社会治安满意度、规划管理是影响社区治理情况的主要因素。

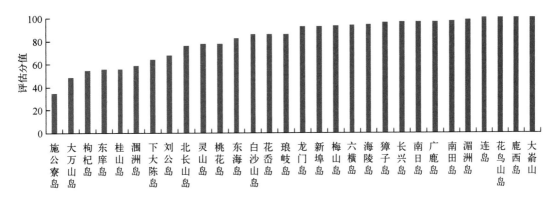

图 6.2-9 社区治理分指数评估结果

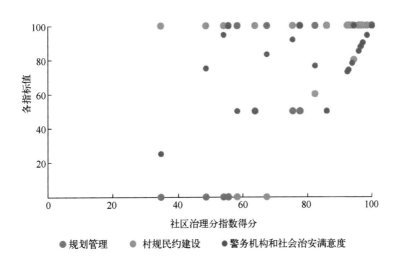

● 规划管理　● 村规民约建设　● 警务机构和社会治安满意度

图 6.2-10 社区治理分指数各指标分布

六、发展成效

1. 海岛品牌建设情况

根据海岛的特殊地理位置、特色资源等特殊优势，创建海岛特色品牌，是提高海岛知名度、提升全民海岛意识的重要抓手之一。例如，广东省阳江市的海陵岛获得了"广东省十大美丽海岛""国家级中心海港""中国十大美丽海岛""国家 5A 级旅游景区""广东海陵岛国家级海洋公园"5 项荣誉称号，极大地提升了海岛旅游知名度，促进了海岛经济社会发展。2016年，海陵岛实现地方财政收入5.82亿元。

大多数海岛均重视打造海岛品牌，30个评估海岛中，有24个海岛获得了省级以上荣誉称号，如国家3A级以上旅游景区、"省级文明乡镇(村)"、省级及以上工业园区、"和美海岛""生态岛礁"等，占评估海岛总数的80%。其中，拥有3项以上省级以上荣誉称号的海岛有18个，占评估海岛总数的60%(图6.2-11)。

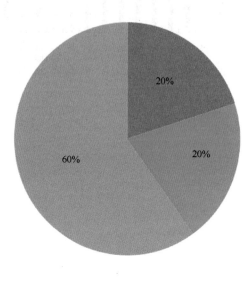

■无　　■1~3项　　■3项及以上

图6.2-11　海岛品牌创建情况

2. 海岛绿色发展情况

大力发展海洋能、太阳能等新能源，有助于解决海岛尤其是边远海岛的生活或生产供电难题，同时改善海岛生态环境质量。发展中水回用、固体废弃物循环利用等循环经济，有助于促进海岛产业转型升级和提质增效，推动海岛经济可持续发展。

如图6.2-12所示，30个评估海岛中，有14个海岛利用了海洋能、太阳能等新能源，或开展了中水回用、固体废弃物循环利用等循环经济工程。其中，桃花岛、南田岛、鹿西岛、大万山岛具有2项及以上新能源或资源循环利用工程。如广东省大万山岛开展了太阳能、风能发电，同时实施了1项中水回用工程，平均每年回用中水1 500吨。

3. 海岛特色保护情况

30个评估海岛中，有26个海岛对珍稀濒危物种及栖息地、古树名木，以及省级以上文物保护单位、省级以上非物质文化遗产等自然和历史人文遗迹采取了有效保护(图6.2-13)。

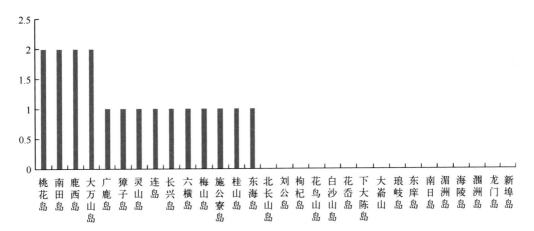

图 6.2-12　30 个评估海岛绿色发展得分情况

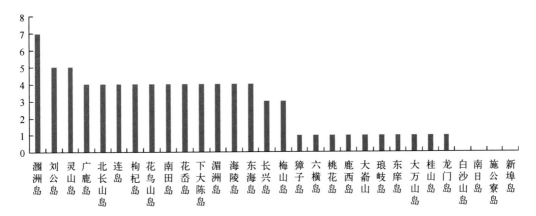

图 6.2-13　30 个评估海岛特色保护得分情况

第七章

结论与建议

　　本报告在分析参考国内外相关指数研究进展的基础上，提出了海岛生态指数和发展指数评价指标体系和计算方法；通过实例海岛的指数评价，可以发现两个指数能反映我国典型海岛的保护与发展状况，可作为引领海岛蓝色发展的标尺。对我国 40 个典型海岛开展生态指数和发展指数的评价，结果表明：我国海岛保护与发展，需要深入推进基于生态系统的海岛综合管理，需要按照"五位一体"总体布局推动海岛均衡发展，推动海岛保护与发展经验全球共享。

1. 深入推进基于生态系统的海岛综合管理

　　(1) 加强对海岛的科学认知，明确海岛的生态功能基线、生态保护红线和资源开发利用上限。加强对海岛的调查与科学研究，明确海岛保护对象与服务功能提升措施，加强保护区建设，提升保护水平。

　　(2) 继续推进法律法规建设，加强对人类活动的管理。建立全国性、区域性和特定海岛的人类活动约束机制，将生态保护贯穿于海岛保护与利用的全过程，并以法律法规的方式予以固化，防止开发利用活动对海岛生态系统的破坏，倒逼开发利用方式和海岛产业升级。

　　(3) 持续推进重大海岛保护行动计划。推进"生态岛礁"与"和美海岛"建设，强化对海岛植被、岸线和典型生态系统等的保护，制定建设指南和考核标准，引导提升海岛保护能力，推进管理目标的实现。

　　(4) 完善监视监测和统计调查体系的建设。将生态指数和发展指数重要指标纳入监视监测和统计调查体系，强化资料收集与应用，形成有效的管理反馈机制，提升适应性管理水平。

2. 按照"五位一体"总体布局推动海岛均衡发展

　　(1) 大力推进海岛经济与生态环境保护同步发展。指数评估反映出工业型海岛生态分指数普遍偏低，需要在经济发展的过程中加强生态环境保护。

　　(2) 结合海岛自身特色大力推进蓝色发展。海岛人均可支配收入和财政收入普遍偏低，需要推进蓝色发展，提高居民收入，实现惠民共享。

（3）因地制宜推动海岛产业发展，提质增效。除獐子岛外，其他农渔业类海岛发展指数普遍低于其他类海岛，需对传统农渔业进行升级，发展特色海岛渔村；工业类海岛需利用海岛的区位优势，大力发展港口、保税、物流等产业，提高工业附加值；旅游类海岛需进一步完善旅游基础设施，发展特色旅游品牌，建设宜游海岛，将旅游发展与提高居民收入相结合。

3. 推进海岛保护与发展经验的全球共享

（1）促进全球海岛生态系统的养护。开展全球海岛科学研究的合作，提高对海岛脆弱性的认识；加强海岛地区应对气候变化、海洋酸化、海洋垃圾、海平面上升等全球性海洋领域问题的合作，提升海岛国家和地区可持续发展水平。以跨界的物种为纽带，开展全球涉岛生物多样性保护联合行动，使特别重要的海岛生态系统区域得到保护和养护。开展生态岛礁建设技术的研发、合作与推广，分享生态岛礁建设成果。

（2）促进海岛蓝色发展。建立海岛蓝色伙伴关系，商定全球海岛普适性的发展目标，消除贫穷，增强海岛复原力，提高居民生产生活质量。因地制宜，提高新技术、新材料、新能源的研发与应用，共同探索海岛生态渔业、生态工业园区、生态旅游业的发展与合作模式，推进全球"和美海岛"建设，推动海岛蓝色增长。

（3）推动完善海岛治理体系。加强基于生态系统的海岛综合管理探索与合作。建立海岛保护与管理的信息共享机制与平台，推动海岛保护法规、规划和政策措施的交流与共享，在全球设定若干海岛保护与发展示范区，以点带面，提升全球海岛保护与管理水平。

下　篇

第八章

黄渤海区海岛生态指数与发展指数评价专题报告

第一节 广鹿岛生态指数与发展指数评价

一、海岛概况

广鹿岛隶属于辽宁省大连市长海县，位于北黄海的长山群岛，属于近岸海岛，是乡镇级有居民海岛。广鹿岛镇下辖 5 个行政村，44 个自然村，至 2016 年年末常住人口 11 417 人。据传昔日岛上野鹿成群，故名广鹿岛。

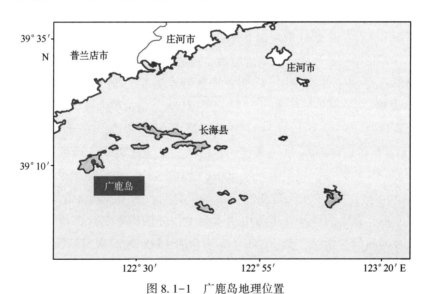

图 8.1-1　广鹿岛地理位置

广鹿岛面积为 26.8 km²，岸线长 45 206.9 m，其中自然岸线长 34 495.1 m，以基岩海岸为主，砂质海岸次之；人工岸线长 10 711.8 m，植被覆盖率 49.0%。广鹿岛拥有丰富的景观资源，海蚀地貌景观广泛发育，形成形态各异的礁坨异石、峰岩洞壁。

85

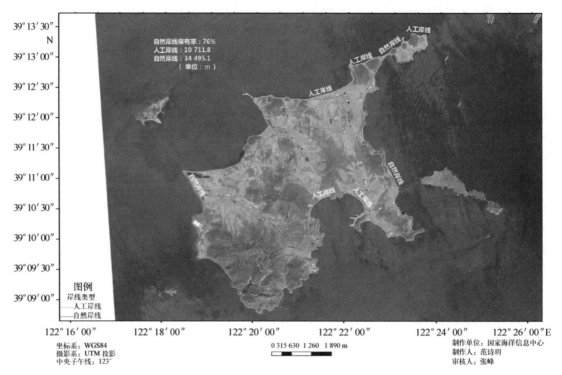

图 8.1-2　2016 年广鹿岛岸线现状

位于广鹿岛中部小珠山上的小珠山遗址是国家级文物保护单位，其出土的文物是研究辽东地区史前玉文化、原始宗教起源和图腾文化起源的重要资料。此外，广鹿岛还有吴家村遗址、蛎碴岗遗址和张公德政碑等历史遗迹十余处。

有关部门已经制定并实施了《广鹿乡经济社会发展总体规划（2013—2030）》（于2016 年撤乡设镇），充分发挥生态、产业、历史优势，由传统渔业为主导向生态渔业和海岛旅游共同发展转变，积极建设宜居宜游型美丽海岛。2016 年实现农渔业总产值 7.83 亿元，全年接待游客 19 万人次，旅游收入 1 300 万元，居民人均可支配收入24 840 元。目前，广鹿岛实现生活垃圾 100% 处理，污水 30% 集中处理。全岛通过海底电缆由大陆供电，安装有太阳能路灯 450 盏；实现通信 100% 覆盖。淡水资源丰富，建有老铁山水库，以大陆淡水管道集中供水为主，辅助以本岛水源供水。通过交通班船往返大陆及通航大长山岛、獐子岛等，有能靠泊 1 000 吨交通班船的码头，每天公共班船最多可达 20 余班次。有小学、初级中学各 1 所，学生 800 余名。有医院 1 所，卫生所 5 所，医疗保险和养老保险覆盖率分别为 97% 和 98%。广鹿岛获辽宁省"环境优美乡镇""辽宁省 2008—2009 年度文明村镇"等称号。

近年来，广鹿岛坚持把绿色发展理念贯穿建设发展全过程，严格规范开发秩序。一是强化海洋生态环境与海岸线自然景观的保护与利用，实施沙尖北海湾生态修复、景观路配套工程建设；二是完善海岛基础设施，继续实施青山生态系统工程和新农村

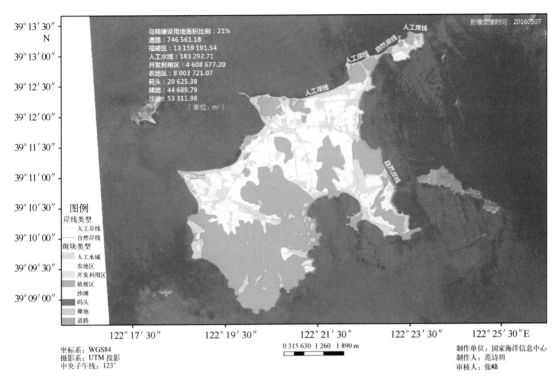

图 8.1-3　2016 年广鹿岛开发利用现状

图 8.1-4　广鹿岛一角

"六化"建设，搞好村屯绿化，做好村级道路维修改造，完成环岛路裸岩环境治理和柳条港山体滑坡治理；三是开展海岛环境整治，推进垃圾集中收集、分类减量与居住环境卫生公共服务全覆盖；开工建设生活垃圾综合处理工程和污水集中综合处理项目，加大对养殖物资乱堆乱放和废弃贝壳乱排乱扔行为的治理力度；四是充分发挥镇综合管护队伍和村委会职能，建立纵向到底、横向到边、全面覆盖的全镇环卫管理体系；指导村居制定完善村规民约、居民公约，实行诚信守约账单管理，积极推进生态环保教育进企业、进校、进村、进家庭，努力营造崇尚自然、追求健康、生态消费的良好社会氛围；五是坚持不懈地做好土地监管和护林防火工作，坚决打击违法用地、私搭乱建、滥砍滥伐、乱采沙石、肆意用火等不法行为。

二、生态指数评价

广鹿岛 2016 年生态指数为 83.2，海岛生态系统较为稳定，总体生态状况优。

广鹿岛自然岸线保有率和周边海域水质得分较高，岛陆建设强度较适宜，但环境保护设施建设尚不能满足需求，污水处理能力仍需提升。在海岛的生态管理方面，已制定了乡级规划并实施，积极实施和推进海岛生态保护工作；于 2010 年建立了遗址陈列馆，对岛上的国家级历史遗迹小珠山遗址采取了有效保护措施。2016 年海岛未发生违法用海、用岛行为，未发生重大生态损害事故。

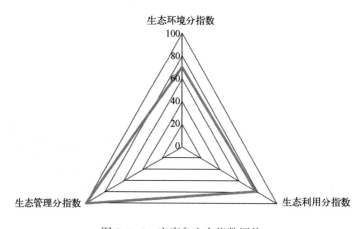

图 8.1-5　广鹿岛生态指数评价

三、发展指数评价

广鹿岛 2016 年发展指数为 87.4，在评价的 30 个海岛中排名第 11 位。

在经济发展方面，广鹿岛的财政收入水平远低于沿海省(自治区、直辖市)单位面积财政收入水平，居民的人均可支配收入接近沿海省(自治区、直辖市)水平，经济实力相对较弱。在海岛生态环境方面，海岛自然岸线保有率、垃圾处理率和岛陆建设面积比例及周边水质得分较高，生态环境总体良好；但植被覆盖率一般，污水处理率较低，影响了海岛生态环境。社会民生方面，广鹿岛供电、供水、海岛交通等基础设施完备，基本满足海岛经济社会发展的需要；社会保障参保率高，但医疗卫生人员不足。在文化建设方面，广鹿岛拥有小学、中学各 1 所，满足海岛教育需要，建有文化体育场地(馆)、设施面积 35 000 m²，人均拥有量远高于全国水平。在社区治理方面，规划管理、村规民约建设及社会治安满意度均表现良好。综合分析，广鹿岛经济发展相对较弱，生态环境、社会民生、文化建设和社区治理方面发展良好。

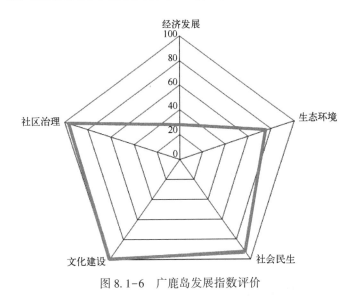

图 8.1-6　广鹿岛发展指数评价

四、综合评价小结

作为长山群岛国际旅游度假区的核心海岛，广鹿岛在生态环境方面具有较大优势，社会民生、文化建设和社区治理方面也具有良好基础。但是，经济发展相对较弱，渔业发展转型任务艰巨，旅游业尚未全面打开局面，对游客吸引力不足，海岛污水处理设施尚不能满足需要等，是目前制约海岛发展的主要因素。

第二节　獐子岛生态指数与发展指数评价

一、海岛概况

獐子岛隶属于辽宁省大连市长海县，位于北黄海的长山群岛，属于近岸海岛，是乡镇级有居民海岛。獐子岛镇下辖 3 个行政村，34 个自然村，2016 年年末常住人口 16 559 人。据传昔日岛上獐子成群，因而得名獐子岛。

獐子岛面积为 8.9 km²，岸线长 28 576.3 m，其中自然岸线长 20 108.5 m，以基岩海岸为主，砂质海岸和淤泥质海岸均有分布，人工岸线长 8 467.8 m，植被覆盖率

66.3%。獐子岛海蚀地貌发育普遍，海蚀崖雄伟壮观、高大悬垂，海蚀柱鹰嘴石独具特色。獐子岛还拥有李墙屯遗址、沙泡屯遗址等历史人文遗迹。

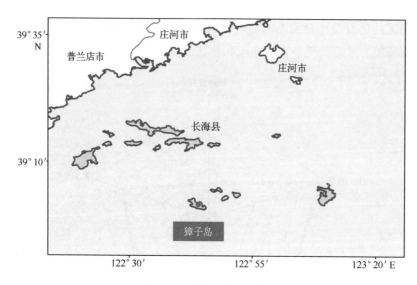

图 8.2-1　獐子岛地理位置

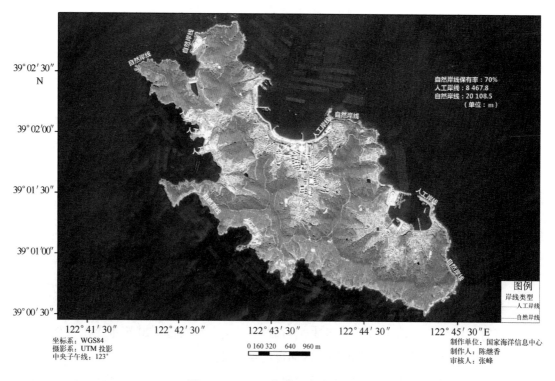

图 8.2-2　2016 年獐子岛岸线现状

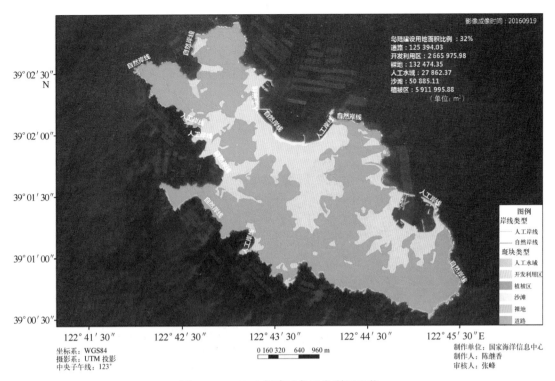

图 8.2-3　2016 年獐子岛开发利用现状

　　獐子岛充分发挥产业和规模优势，积极建设现代新型渔业宜居美丽海岛，制定并实施了《獐子岛镇经济社会发展总体规划（2016—2030）》。2016 年农渔业总产值 7.83 亿元，全年接待游客 19 万人次，旅游收入 1 300 万元，居民人均可支配收入 27 037 元。目前，獐子岛实现生活垃圾 100% 处理，污水 70% 集中处理。全岛通过海底电缆由大陆供电，通信 100% 覆盖。獐子岛淡水资源比较缺乏，主要为雨季降水。目前，通过屋檐接水工程、马牙滩水库及多个方塘储水和海水淡化共同实现海岛供水。通过交通班船往返大陆及通航大长山岛等，每天公共班船 4 班次。现有小学、初级中学各 1 所，学生 700 余名。有医院 1 所，卫生所 6 所。医疗保险和养老保险覆盖率均为 100%，社会保障体系完善，社会养老保险和各种医疗保险参保率居全市前列，镇养老院已跨入省级先进行列；建成了功能齐全的影剧院、文化宫、图书馆、老年活动室和妇女活动中心，群众性文化活动极其丰富。獐子岛经济发达，以捕捞业和养殖业为主，其中养殖业为支柱产业。獐子岛渔业集团股份有限公司是中国渔业的龙头企业。獐子岛获 2009 年、2012 年及 2015 年"全国文明 91 村镇"，2012 年"辽宁特产皱纹盘鲍之乡"，2012 年"辽宁特产扇贝之乡"，2015 年"全国安全社区"等称号，拥有"獐子岛"海产品知名品牌。

　　獐子岛以创建生态海岛小城镇为抓手，积极推进海岛生态环境保护。一是积极开展海岛生态整治修复工程，并得到了中央海域使用金的支持；二是完善海岛保护体系，保护海岛自然岸线和生态系统；三是推进海岛地区经济社会发展，以发展促保护。獐子岛镇顺应长山群岛旅游度假区全面开发开放和海岛经济发展大势，加强海岛生态保护和资源可持续利用，不断完善陆岛交通体系，提高交通运输服务水平，促进海岛旅游业的快速发展。

图 8.2-4　獐子岛一角

二、生态指数评价

獐子岛 2016 年生态指数为 83.8，海岛生态系统稳定，总体生态状况优。

獐子岛植被覆盖率、自然岸线保有率和周边海域水质等指标得分较高，海岛生态环境保持良好。海岛岛陆建设强度较大，环境保护设施建设未能满足需要，污水处理

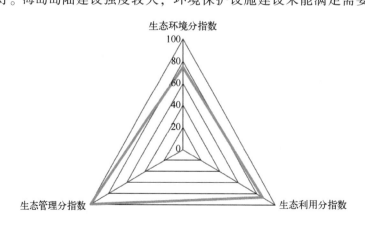

图 8.2-5　獐子岛生态指数评价

尚不能满足需求,对海岛生态环境具有较大的影响。在海岛生态管理方面,积极开展和推进海岛生态保护,制定实施了乡级规划;对岛上的自然景观、历史遗迹采取了较为有效的保护措施。2016 年海岛未发生违法用海、用岛行为,未发生重大生态损害事故。

三、发展指数评价

獐子岛 2016 年发展指数为 93.1,在评估的 30 个海岛中排名第 4 位。

在经济发展方面,獐子岛的财政收入水平和人均可支配收入水平略低于沿海省(自治区、直辖市)水平。在海岛生态环境方面,獐子岛植被覆盖率、自然岸线保有率和周边海域水质得分较高,海岛生态环境总体良好。社会民生方面,獐子岛供电、供水等基础设施完备,但陆岛交通方式单一,尚不能完全满足陆岛出行需要;社会保障参保率高,但医疗卫生人员数不足。在文化建设方面,獐子岛有小学、中学各 1 所,满足海岛教育需要。建有文化体育场地(馆)、设施面积 15 690 m²,但人均拥有量低于我国平均水平。在社区治理方面,规划管理、村规民约建设及社会治安满意度均表现良好。综合分析,獐子岛在民生和文化建设、环保和交通基础设施方面尚待提升,其他方面发展良好。

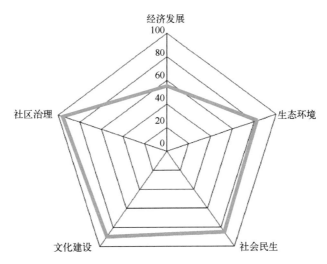

图 8.2-6 獐子岛发展指数评价

四、综合评价小结

獐子岛在经济发展、生态环境方面具有一定优势,民生和文化建设、环保和交通基础设施方面仍需提升。制约海岛发展的主要因素是海岛污水处理设施尚不能满足需要,陆岛交通方式单一、受天气影响显著,医疗、文化、体育设施需继续加强。此外,尚需要控制海岛建设强度。

第三节 鸳鸯岛生态指数评价

一、海岛概况

鸳鸯岛位于辽东湾顶，隶属于辽宁省盘锦市，属于沿岸海岛，也是沙泥岛，是未开发利用的无居民海岛。海岛形成之初为南、北两块，中间有潮沟分隔，形似一对鸳鸯在戏水，故命名为鸳鸯岛。

图 8.3-1 鸳鸯岛地理位置

鸳鸯岛面积为 9.1 km²，岸线类型主要为砂砾质岸线，岸线长 9 716.3 m，植被覆盖率 49.1%。鸳鸯岛位于辽河口红海滩国家级海洋公园和辽河口红海滩国家级海洋特别保护区的核心区，是区河口滨海湿地生态系统的重要组成部分，拥有滨海湿地植被(芦苇、翅碱蓬)等自然景观；是国家重要保护物种丹顶鹤、白鹤、黑嘴鸥、斑海豹、江豚等的栖息地。鸳鸯岛保护规划正在编制中，目前鸳鸯岛处于原始状态，无建筑物设施。为了加强保护，相关单位在鸳鸯岛开展了监测和科学研究工作，包括鸳鸯岛及其周边碳通量监测、蓝色海湾整治行动，正在建设水质在线监测站和海岛稳定性监测系统。

二、生态指数评价

鸳鸯岛 2016 年生态指数为 84.8，海岛生态系统稳定，总体生态状况优。

鸳鸯岛是沙泥岛，全部为自然岸线，植被覆盖率较高。海岛无任何建设活动和开发活动，生态利用方面得分高。在海岛生态保护方面，已经着手开展海岛生态本底调

海岛生态指数和发展指数评价指标体系设计与验证

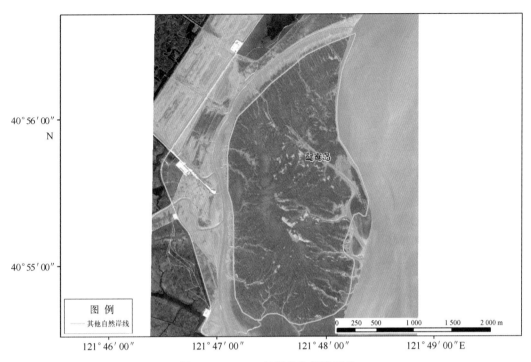

图 8.3-2　2016 年鸳鸯岛岸线现状

图 8.3-3　鸳鸯岛红海滩

查，制定保护规划，积极推进海岛生态保护；鸳鸯岛既是河口滨海湿地的重要组成部分，也是湿地鸟类的重要栖息地，采取了管控维护、监测研究等保护措施。2016 年海岛未发生违法用海、用岛行为，未发生重大生态损害事故。总体来说，鸳鸯岛保持原始自然状态，生态状况良好，但作为沙泥岛，海岛稳定性受到潜在威胁，同时海岛周边海域水质较差，对海岛生态状况具有一定影响。

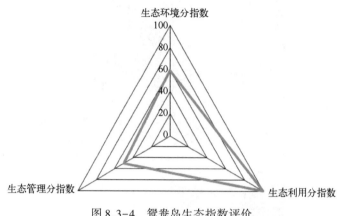

图 8.3-4　鸳鸯岛生态指数评价

第四节　菩提岛生态指数评价

一、海岛概况

菩提岛隶属于河北省唐山市乐亭县，是渤海西北部唐山湾的沿岸海岛，它是国家海岛开发利用基地，也是河北省星级公园省级服务名牌，是无居民海岛。旧称石臼坨，因岛上小叶朴树(当地俗称菩提树)众多，故名菩提岛。

图 8.4-1　菩提岛地理位置

菩提岛面积为 5.0 km²，岸线类型主要为砂砾质岸线，岸线长 9.1 km，其中自然海岸长 0.9 km，人工岸线长 8.24km，植被覆盖率 34.1%。菩提岛拥有丰富的景观资源，包括国际观鸟基地、潮音寺和朝阳庵等。

有关部门已经制定实施了《唐山湾三岛保护与利用规划》，规划了未来海岛的发展战略。

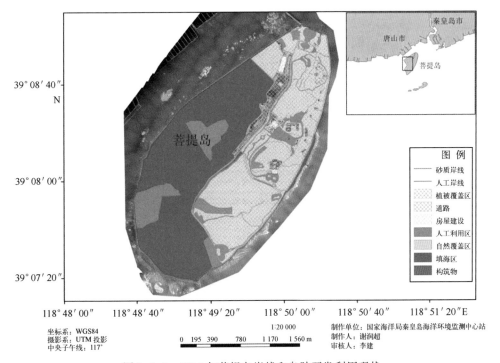

图 8.4-2　2016 年菩提岛岸线和岛陆开发利用现状

图 8.4-3　菩提岛一角

二、生态指数评价

菩提岛 2016 年生态指数为 69.4，生态状况良。菩提岛植被覆盖率及自然岸线保有率得分较低，海岛周边海域水质较好。海岛岛陆建设强度较高，未实现污水 100% 处理。此两项对海岛生态环境的影响较大，亟待改进。2016 年海岛未发生违法用海、用岛行为，未发生重大生态损害事故。

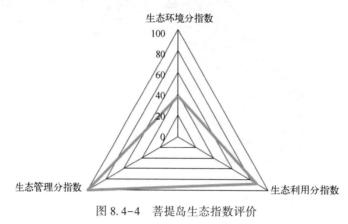

图 8.4-4　菩提岛生态指数评价

第五节　北长山岛生态指数与发展指数评价

一、海岛概况

北长山岛隶属于山东省烟台市长岛县，位于黄渤海交汇处，属于近岸海岛，是乡镇级有居民海岛。北长山岛乡下辖 4 个行政村，2016 年常住人口 3 320 人。唐代在岛上设大谢戍，称大谢岛，后因远看与南长山岛连为一体，犹如一条长长的山脉，故二岛称长山岛。清代开始，分别称南长山岛、北长山岛，得名至今。

北长山岛面积为 8.1 km²，岸线长 22 525.3 m，其中自然岸线长 15 956.9 m，以基岩海岸为主，人工岸线长 6 568.4 m，植被覆盖率 57.3%。北长山岛具有丰富的景观资源，如九叠石塔、九丈崖等海蚀地貌景观，此外还有以海积地貌为特色的月牙湾。位于北长山岛九丈崖公园的珍珠门遗址是山东省重点文物保护单位，反映了商周时期东夷文化，是胶东地区具有代表性的地方历史文化遗存。岛上还有北城古城遗址、店子村遗址、西大山遗址、店子汉墓群等多处历史人文遗迹。

北长山岛正在积极建设宜居宜游型美丽海岛。北长山乡产业以扇贝养殖和"渔家乐"旅游服务业为主。全乡海水养殖扇贝约 2 万亩①，年产量 1.5 万吨；全乡拥有各类

---

① 　1 亩 ≈ 667 平方米。

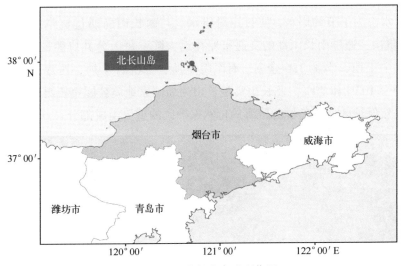

图 8.5-1　北长山岛地理位置

自然岸线保有率：71%
人工岸线：6 568.4
自然岸线：15 956.9
（单位：m）

图例
岸线类型
—— 人工岸线
—— 自然岸线

坐标系：WGS84
摄影系：UTM 投影
中央子午线：123°

0 140 280　　560　　840 m

制作单位：国家海洋信息中心
制作人：张建辉
审核人：张峰

图 8.5-2　2016 年北长山岛岸线现状

捕捞养殖渔船 500 艘，捕捞水产 300 吨。近年来，"渔家乐"旅游服务业发展迅速，目前全乡共有"渔家乐"业户 275 户，2016 年实现旅游直接收入 4 600 多万元，居民人均可支配收入 22 159 元。目前，北长山岛实现生活垃圾 100% 处理，污水 50% 集中处理。全岛通过海底电缆由大陆供电，实现通信 100% 覆盖；通过海底供水管道由大陆集中供应淡水，为了节约用水，实行定时供水。与南长山岛通过道路相连，每天有公交车 20 余班次，通过南长山岛的交通班船往返大陆，每天公共班船最多可达 20 余班次。现有小学 1 所，学生 130 余名。有医院 1 所，卫生所 4 所，医疗保险和养老保险覆盖率分别为 100% 和 70%。北长山岛是长山列岛国家地质公园重要组成部分，也是长岛国家级自然保护区、庙岛群岛斑海豹自然保护区的重要组成部分。

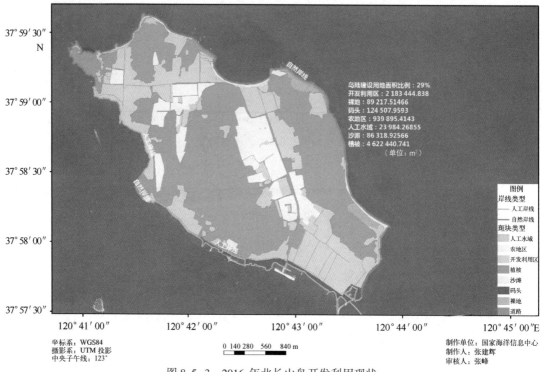

海岛生态指数和发展指数评价指标体系设计与验证

坐标系：WGS84
摄影系：UTM 投影
中央子午线：123°

0　140 280　　560　　840 m

制作单位：国家海洋信息中心
制作人：张建辉
审核人：张峰

图 8.5-3　2016 年北长山岛开发利用现状

图 8.5-4　北长山岛望夫崖

二、生态指数评价

北长山岛 2016 年生态指数为 80，海岛生态系统较为稳定，总体生态状况优。

北长山岛植被覆盖率、自然岸线保有率和周边海域水质得分较高，海岛生态环境良好。海岛岛陆建设强度较大，环境保护设施建设未能满足需要，污水处理率尚未达到 100%，对海岛生态环境的影响较大，需要改进。在海岛生态保护方面，已经制定了乡级规划，设立了九丈崖地质地貌景观保护区、月牙湾地质地貌景观保护区，采取了划定保护范围、设立宣传标识等有效保护措施。2016 年海岛未发生违法用海、用岛行为，未发生重大生态损害事故。

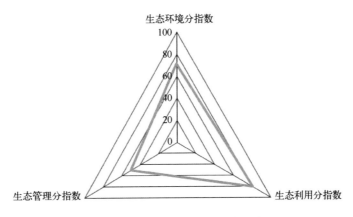

图 8.5-5　北长山岛生态指数评价

三、发展指数评价

北长山岛 2016 年发展指数为 78.2，在评估的 30 个海岛中排名第 21 位。

在经济发展方面，北长山岛的财政收入水平远低于沿海省（自治区、直辖市），单位面积财政收入和居民的人均可支配收入接近沿海省（自治区、直辖市）水平，经济实力相对较弱。在海岛生态环境方面，北长山岛植被覆盖率、自然岸线保有率和周边海域水质得分较高，海岛生态环境保持良好，污水处理率较低，影响了海岛生态环境得分。社会民生方面，北长山岛供电、供水、海岛交通等基础设施较为完备，但存在供水管网不能满足供水需要的问题；社会医疗保险参保率达到 100%，但养老保险参保率不到 100%；由于距离县级岛南长山岛交通便利，本岛的医疗卫生人员相对较少。在文化建设方面，北长山岛拥有小学 1 所，满足海岛教育需要。建有文化体育场地（馆），设施面积 1 500 m²，人均拥有量远低于全国人均水平。在社区治理方面，规划管理、村规民约建设及社会治安满意度均表现良好。综合分析，北长山岛经济发展相对较弱，生态环境、社会民生、文化建设和社区治理方面均存在不足。

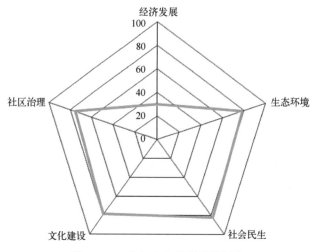

图 8.5-6　北长山岛发展指数评价

四、综合评价小结

北长山岛建设宜居宜游型海岛面临的挑战巨大。北长山岛经济发展相对较弱，生态环境、社会民生、文化建设和社区治理方面均存在不足。经济发展是制约北长山岛发展的主要因素。在经济发展方面，继续优化发展以扇贝养殖加工为主的传统渔业，加速产业升级，在保护和修复渔业资源的同时，做大做强休闲渔业。加快推进海岛污水处理设施建设，完善海岛医疗文化体育设施，使生态环境保护、基础设施和民生服务与海岛经济协调发展，建设宜居宜游的生态岛礁。

第六节　刘公岛生态指数与发展指数评价

一、海岛概况

刘公岛隶属于山东省威海市环翠区，属于近岸海岛。因岛上建有刘公庙，故名。

刘公岛面积为 3.3 km²，岸线长 20 383.6 m，其中自然岸线长 17 302.2 m，主要为基岩岸线，人工岸线长 3 081.4 m，植被覆盖率 75.8%。岛上有北洋海军提督署、龙王庙和戏楼、丁汝昌寓所、刘公岛水师学堂等省级以上文物保护单位或省级以上非物质文化遗产 29 处。

威海市刘公岛管理委员会负责对刘公岛实施统一管理保护与开发利用，下辖自然村 1 个，2016 年年末常住人口 37 人。刘公岛是国家级风景名胜区、国家 5A 级旅游景区、"中国十大美丽海岛"之一、国家级海洋公园、省级地质公园，还是全国爱国主义教育基地和全国海洋意识教育基地。自 1985 年，刘公岛由封闭的军事禁区正式对外开

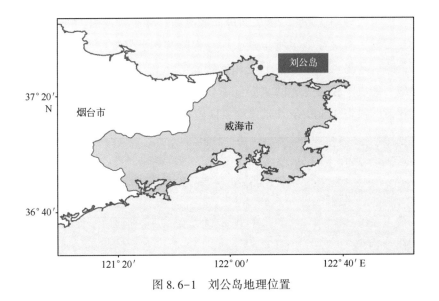

图 8.6-1　刘公岛地理位置

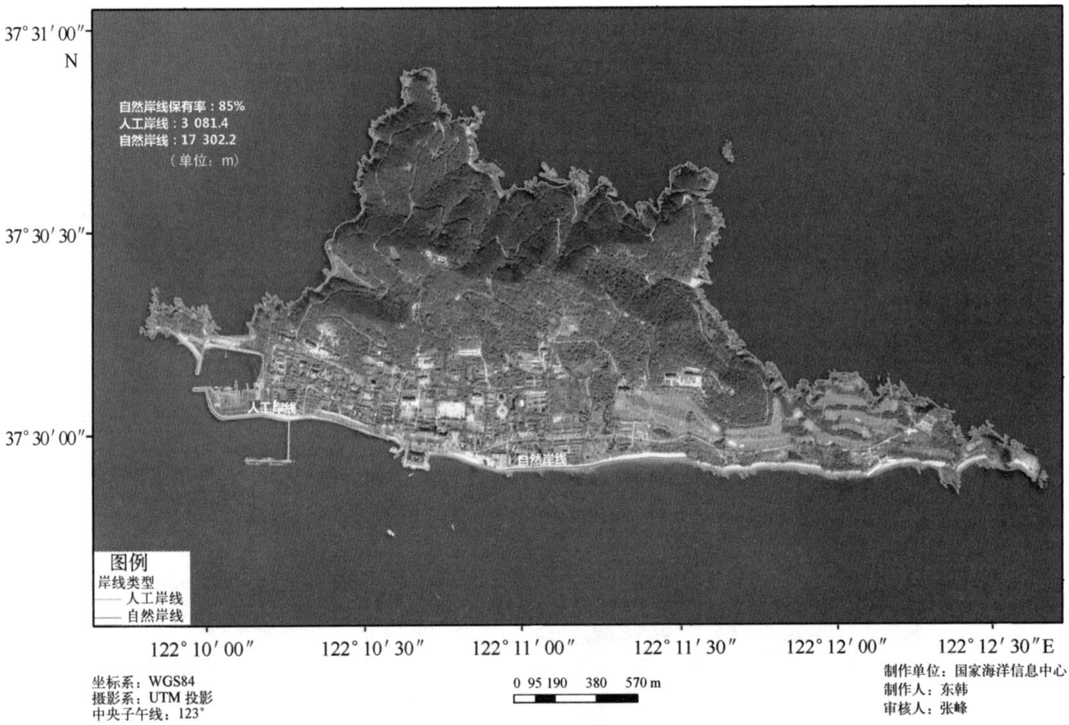

图 8.6-2　2016 年刘公岛岸线现状

放以来，资源保护、管理服务和旅游事业得到了长足发展。多年来，投入资金 2.2 亿多元，重点修复北洋海军提督署、龙王庙等文物建筑遗址 6 万多 m²，总开放面积超过 10 万 m²。2016 年全年接待游客 150 万人次，实现旅游收入 1.59 亿元。新建垃圾压缩中转站，配备垃圾转运车，垃圾无害化处理率达 100%。建设污水处理设施，对污水实行无害处理，污水处理率 100%。全岛通过海底电缆、海底管道由大陆供电、供水，实现通信 100% 覆盖。有医疗卫生所 1 所，医疗保险和养老保险覆盖率均为 100%。修建丁公路、邓公路、环岛景观路等主干道和连接路等，新建旅游码头及候船大厅、停车场等附属设施，形成了较为完善的旅游配套体系，单日最多班船可达 200 班次；启动了智慧景区建设，投资 1 500 余万元建设景区监控指挥中心，有效处置各类突发事件。

海岛生态指数和发展指数评价指标体系设计与验证

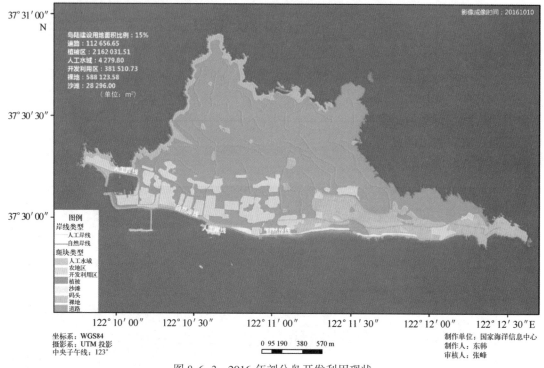

图 8.6-3　2016 年刘公岛开发利用现状

图 8.6-4　刘公岛全貌

二、生态指数评价

刘公岛 2016 年生态指数为 102.1，海岛系统稳定，总体生态状况优。

刘公岛生态指数各评价指标均得分较高，总体表现良好。除海岛南部的村庄、旅游基础设施外，均为植被覆盖，尤其是海岛中北部，保持森林原状，并实行封山养护措施，建设完备的防火系统。除海岛南部码头及附近为人工岸线外，其他均为自然岸线。岛陆建设强度较适宜，环境保护设施建设能够满足需要，海岛的生产活动对海岛生态环境的影响小。在海岛生态管理方面，纳入威海市胶东半岛旅游区，已经制定了规划并实施，积极开展海岛生态修复项目，对破损海堤岸线进行修复，对岛上的历史遗迹采取了有效保护措施，建立了遗址陈列馆。2016 年海岛未发生违法用海、用岛行为，未发生重大生态损害事故。

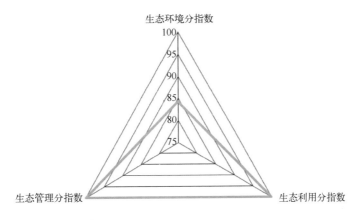

图 8.6-5　刘公岛生态指数评价

三、发展指数评价

刘公岛 2016 年发展指数为 97.3，在评估的 30 个海岛中排名第 3 位。

在经济发展方面，刘公岛的财政收入水平低于沿海省（自治区、直辖市）单位面积财政收入水平，居民的人均可支配收入低于沿海省（自治区、直辖市）水平。刘公岛由威海市刘公岛管理委员会实施统一开发和保护管理，其旅游收入直接纳入市财政体系。刘公岛旅游业采取管委会管理运作的模式，并且在人口方面采取"只迁不入"政策。因此刘公岛旅游产业发展与刘公岛常住人口（即仍住在岛上的户籍人口）关联较小，岛上居民人均收入相对较低。在生态环境方面，刘公岛生态指数各评价指标均得分较高，生态环境质量、生态利用和保护均表现良好。社会民生方面，刘公岛供电、供水、海岛交通等基础设施完备，满足海岛需要；社会保障参保率高，相对于常住人口，医疗卫生、文化体育场地（馆）均满足需要，人均拥有量远高于我国平均水平。在社区治理方面，规划管理及社会治安满意度均表现良好，但尚未建立村规民约。综合分析，刘公岛旅游产业发达，生态环境、社会民生、文化建设和社区治理方面发展良好。

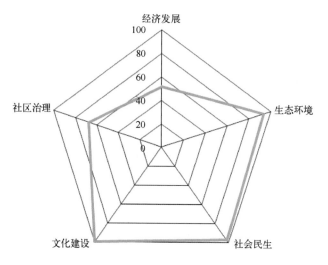

图 8.6-6　刘公岛发展指数评价

四、综合评价小结

刘公岛具有良好的自然生态环境条件和深厚的历史文化底蕴，自 1985 年正式对外开放以来，在海岛资源保护、管理服务和旅游产业发展方面多管齐下，形成了旅游产业发达，经济发展、生态环境、社会民生、文化建设和社区治理各方面均发展良好的局面。但未来需要在提高岛上居民收入水平方面下功夫。

第七节　大公岛生态指数评价

一、海岛概况

大公岛隶属于山东省青岛市崂山区，属于近岸海岛，是未开发利用的无居民海岛。因形如伏龟，曾名大龟岛，后演化为今名。

大公岛面积为 0.15 km²，岸线长 2 033.6 m，其中自然海岸长 1 949.3 m，全部为基岩岸线，人工岸线长 84.3 m，植被覆盖率 69%。大公岛是我国东部候鸟迁徙的重要中转地，是一些海鸟和候鸟的栖息繁殖地，建有青岛大公岛岛屿生态系统自然保护区。该保护区于 2001 年 12 月 24 日经山东省人民政府批准为省级自然保护区，重点保护鸟类和海洋生物资源及栖息繁殖环境。大公岛南坡及南部海域是保护区的核心区，总面积为 0.2 km²；实验区为核心区外的其他区域。

大公岛有废弃建筑房屋 80 余间，集中分布在海岛西南侧。房屋依山体而建、错落

海岛生态指数和发展指数评价指标体系设计与验证

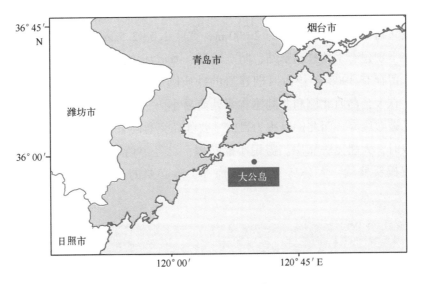

图 8.7-1　大公岛地理位置

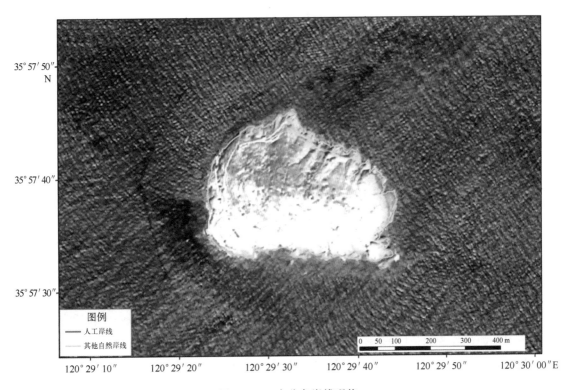

图 8.7-2　大公岛岸线现状

有致，目前建筑多为一层，主要为砖混结构，部分建筑墙体使用天然石块垒砌而成，其中两间房为青岛大公岛岛屿生态系统自然保护区办公室使用，其他房屋废弃。岛上建有简易硬化盘山道路，总长度约 2 000 m，宽度 1.5~2.5 m，多为砖石铺砌的水泥阶梯路面。岛上现建有 1 处移动基站、防空通廊、海域环境监测系统等其他设施。目前，在大公岛上留存有 1908 年德占时期建造的铁质圆形灯塔一座，是进出胶州湾的重要航标之一。在大公岛西北侧和北侧建有两处简易小码头，其中北侧码头长约 17 m，因年久失修已破败废弃。西北侧码头为目前主要陆岛交通码头，长度为 20 m，无防波堤，遇较大风浪时，大船无法靠岸、需用小船接驳，已经申请了国家海岛保护与利用示范项目并开展码头修缮。大公岛为保护区海岛，除必要的科研活动外，禁止外来人员进入。

图 8.7-3　大公岛全貌

二、生态指数评价

大公岛 2016 年生态指数为 103，海岛生态系统稳定，总体生态状况优。

大公岛植被覆盖率、自然岸线保有率和周边海域水质得分均较高，海岛生态环境良好。海岛有废弃房屋等建筑物、灯塔和道路等，但建设比例低，建设强度较适宜。同时，目前海岛作为保护区的核心区和实验区，没有新增开发利用活动，以保护区巡护人员和科研人员登岛为主，污水和垃圾随人员外带出岛，因此海岛在生态利用指标方面得分较高。在海岛的生态保护方面，已颁布实施的《青岛市海岛保护规划（2015—2030）》对大公岛的保护和利用进行了详细规定。2016 年海岛未发生违法用海、用岛行为，未发生重大生态损害事故。

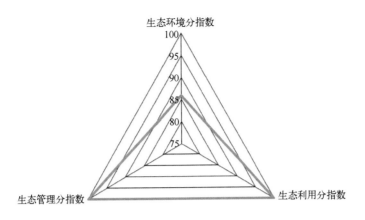

图 8.7-4　大公岛生态指数评价

第八节　灵山岛生态指数与发展指数评价

一、海岛概况

灵山岛隶属于山东省青岛市黄岛区，属于近岸海岛，是乡镇级有居民海岛。灵山岛乡下辖 3 个行政村，2016 年年末常住人口 2 700 人。《灵山卫志》载"灵山岛在卫城（灵山卫）正南海中……先日而曙，若有灵焉"，故名。

灵山岛面积为 7.7 km²，岸线长 16 426.6 m，其中自然岸线长 12 260.3 m，以基岩海岸为主，人工岸线长 4 166.3 m，植被覆盖率 85.7%。灵山岛为典型的火山岛，由火

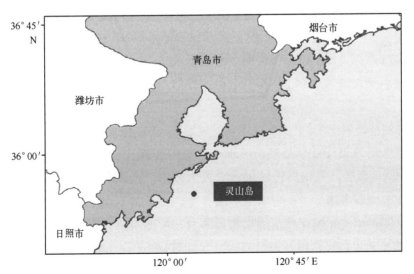

图 8.8-1　灵山岛地理位置

山喷发产生的角砾岩构成，历经风化剥蚀，形成锯齿状山脊，发育成大小山头 56 座之多；岛屿东南受到海水侵蚀，形成造型奇特的海蚀地貌，具有极高的观赏价值，如老虎嘴、象鼻山、石秀才等。另外，灵山岛的珍稀昆虫碧凤蝶已被国际自然与自然资源保护联盟列入《世界濒危凤蝶》红皮书。灵山岛是鸟类迁徙的重要栖息地，被称为"候鸟驿站"，常见鸟类 53 种，其中属国家二级保护鸟类 38 种。2003 年，山东省人民政府批准青岛市建立胶南市灵山岛省级自然保护区，灵山岛南部为保护区核心区，主要保护对象为海岛生态系统，具体包括周边海域及海洋生物资源、林木资源、鸟类资源和地质地貌。灵山岛位于皱纹盘鲍、刺海参国家级种质资源保护区内。

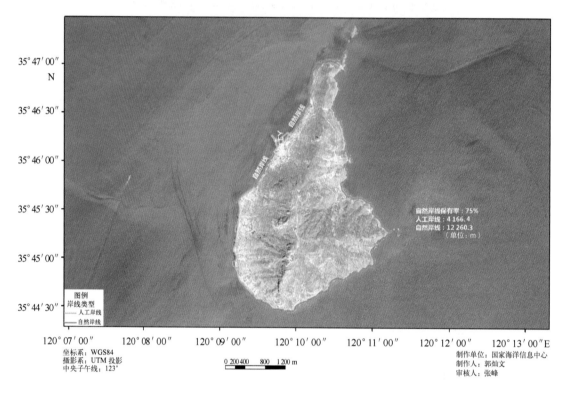

图 8.8-2 2016 年灵山岛岸线现状

有关部门已经制定了《灵山岛总体发展规划》，正在积极建设宜居宜游海岛。目前，灵山岛实现生活垃圾 100% 处理，污水尚未集中处理。全岛通过海底电缆由大陆供电，通信 100% 覆盖。灵山岛传统供水方式为井水，全岛共有 36 眼吃水井。海岛有5 000 m³ 的大型蓄水池 2 个；中型蓄水池 5 个，小型蓄水池、塘坝遍布全岛，年蓄水总量达 200 000 m³，并配置海水淡化装置两台，可基本满足海岛军民生活用水需要。目前，有定时往返于积米崖港与灵山岛码头间的快速客船 3 艘；每天最多 9 班次。现有小学、初级中学各 1 所，学生仅 49 人；有卫生所 1 所，医疗保险和养老保险覆盖率均为 95%。灵山岛获"李家村省级旅游特色村""毛家沟省级旅游特色村""齐鲁美丽海岛"等荣誉称号。

为改善海岛人居环境，提高生态环境质量，灵山岛着力开展了蓄水涵林、垃圾处理、陆岛交通码头改扩建工程、环岛路贯通木栈道工程、模块化污水处理工程等。

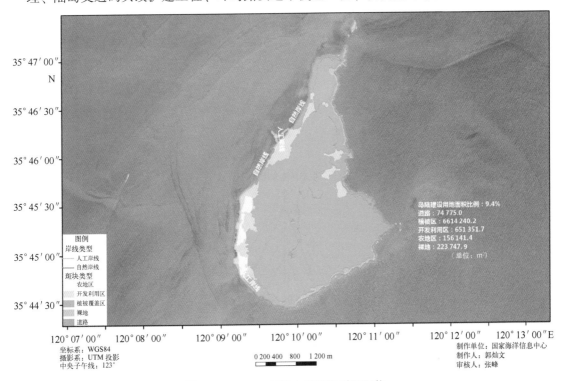

图 8.8-3 2016 年灵山岛开发利用现状

图 8.8-4 灵山岛一景

第八章 黄渤海区海岛生态指数与发展指数评价专题报告

二、生态指数评价

灵山岛 2016 年生态指数为 84.6，海岛生态系统较为稳定，总体生态状况优。

灵山岛植被覆盖率和周边海域水质得分较高，海岛生态环境总体优。海岛岛陆建设强度较适宜，但环境保护设施建设未能满足需要，尚未建成污水收集处理设施，对海岛生态环境的影响较大，亟待改进。在海岛生态保护方面，已经制定了乡级规划，但未实施；积极推进海岛生态保护，对岛上鸟类保护区、火山地质地貌等采取了保护措施，保护区核心区实行严格管控。2016 年海岛未发生违法用海、用岛行为，未发生重大生态损害事故。

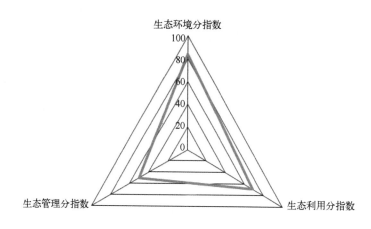

图 8.8-5　灵山岛生态指数评价

三、发展指数评价

灵山岛 2016 年发展指数为 88.9，在评估的 30 个海岛中排名第 9 位。

在经济发展方面，灵山岛的财政收入水平远高于沿海省（自治区、直辖市）单位面积财政收入水平，居民的人均可支配收入则低于沿海省（自治区、直辖市）平均水平，经济实力尚可。在海岛生态环境方面，海岛植被覆盖率、自然岸线保有率、垃圾处理率和岛陆建设面积比例及周边水质得分较高，生态环境总体优，但污水处理率低。社会民生方面，灵山岛供电完备，尚未进行集中供水，海岛交通基本满足本岛居民出行需求；社会保障参保率较高，但医疗卫生人员不足。在文化建设方面，灵山岛拥有小学、中学各 1 所，满足海岛教育需要；拥有文化体育场地（馆），设施面积 750 m²，人均拥有量远低于我国平均水平。在社区治理方面，规划管理、村规民约建设及社会治安满意度均表现良好。综合分析，灵山岛生态环境良好，社区治理尚好，经济发展和文化建设有待提升。

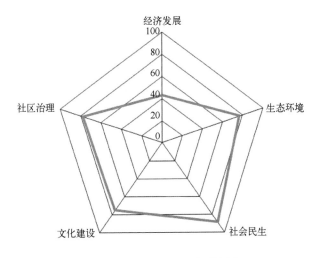

图 8.8-6　灵山岛发展指数评价

四、综合评价小结

以建设宜居宜游型海岛为目标，灵山岛在生态环境方面具有较大优势，社会民生和社区治理方面也具有良好基础。但是，居民收入不高、陆岛交通不便、环保设施严重滞后、医疗卫生和文化建设不足，制约了海岛的发展。尤其是海陆交通状况，虽基本满足本岛居民的出行需求，但对于旅游发展仍是瓶颈问题，游客进出较为不便。目前在建的垃圾处理工程、陆岛交通码头改扩建工程、环岛路贯通木栈道工程、模块化污水处理工程仍需大力推进，以改善海岛生产生活条件。

第九节　秦山岛生态指数评价

一、海岛概况

秦山岛隶属于江苏省连云港市赣榆区，是江苏省北部海州湾中的近岸海岛，位于海州湾海湾生态与自然遗迹海洋特别保护区的中心，也是连云港海州湾海洋公园的五个保护点之一，是无居民海岛。曾用名神山、奶奶山，因秦朝始皇帝出巡琅琊六郡，登临此山求仙，并勒石纪事，遂更名为秦山岛。

秦山岛面积为 0.16 km²，岸线类型主要为砂砾质岸线和基岩岸线两类，岸线长度为 2 573.7 m，植被覆盖率 67.1%。秦山岛拥有丰富的景观资源，包括海蚀地貌景观、砾石连岛坝、历史遗迹等 20 余处。其中，砾石连岛坝"神路"系环秦山岛的潮流将砾石从岛岸侵蚀剥离后，经海水作用聚于海岛西南的尾部，日积月累地冲刷堆积而成，千余年来不曾消失。岛上还有五福桃、花椒树等百年古树，并设置了标志。

图 8.9-1 秦山岛地理位置

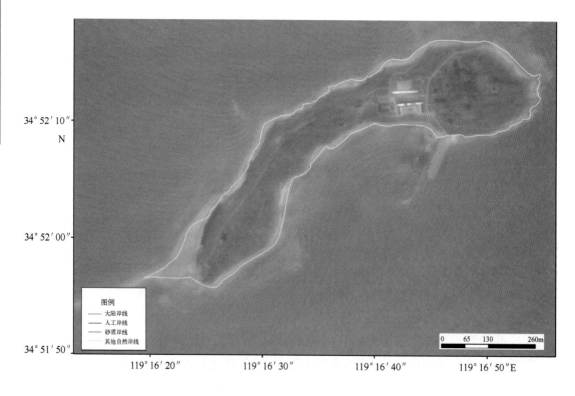

图 8.9-2 秦山岛岸线现状

有关部门已经制定并实施了《秦山岛保护与利用规划》，对海岛的保护与利用区域、保护对象和管理要求等做出了详细规定。秦山岛是有淡水海岛，但淡水资源不丰富。秦山岛先后进行了两次整治与修复。其中，2011年争取中央财政资金和地方配套资金，对海岛的岸线、码头及相关设施、淡水资源、岛上驻军遗迹等进行改善修复；2014年获国家无居民海岛保护与开发利用示范项目资金支持，由区政府统一牵头，集聚全区优势力量资源，先后完成了山体防护、环岛路贯通、人文景观修缮、"神路"砾石连岛坝修复等工程，并同步实现了海岛用电跨海输送、垃圾污水处理、海水淡化，建设秦山岛海洋环境综合岸基监测站等，使秦山岛的生态环境得到有效保护，基础设施完善，具备了旅游资源开发的良好基础。秦山岛现有码头、全岛道路、房屋建筑、海水淡化、大陆电缆电力供给等基础设施，还有通信信号塔、测量控制点、海岛名称标志、海防设施等公共服务设施。

图8.9-3　秦山岛全貌

二、生态指数评价

秦山岛2016年生态指数为89，海岛生态系统稳定，总体生态状况优。

秦山岛自然岸线保有率和植被覆盖率得分较高，但周边海域水质较差。海岛岛陆建设强度较适宜，环境保护设施能够满足需要，污水处理率、垃圾处理率均能达到100%，对海岛生态环境的影响较小。在海岛生态保护方面，已经制定了单岛保护规划并实施，积极实施和推进海岛生态保护，完成海岛重要景观连岛坝的整治修复，对古树名木建立了保护范围和标志。2016年海岛未发生违法用海、用岛行为，未发生重大生态损害事故。总体来说，秦山岛基础设施齐全、生态状况良好，但周边水质较差，对海岛生态状况有一定影响。

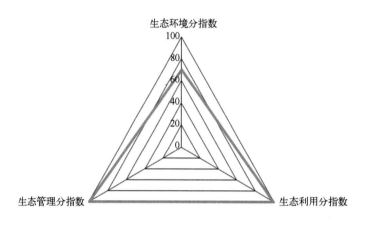

图 8.9-4 秦山岛生态指数评价

第十节 连岛生态指数与发展指数评价

一、海岛概况

连岛隶属于江苏省连云港市连云区，是江苏省北部海州湾中的沿岸海岛，位于海州湾海湾生态与自然遗迹海洋特别保护区的中心，也是连云港海州湾海洋公园的 5 个保护点之一，是乡镇级有居民海岛。连岛度假区下辖 3 个行政村，5 个自然村，2016 年年末常住人口 4 720 人。由东连岛、西连岛组成，原名东西连岛，现名连岛。

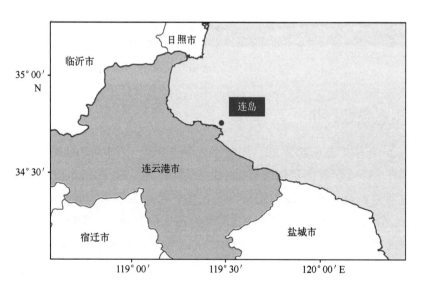

图 8.10-1 连岛地理位置

连岛面积为 7.5 km²，岸线长 27 545 m，其中自然岸线长 9 287.8 m，岸线类型主要为砂砾质岸线和基岩岸线两类，人工岸线长 18 257.2 m，植被覆盖率 60.6%。连岛拥有丰富的景观资源，有多处海蚀地貌景观、历史遗迹等。其中，苏马湾汉代石刻、东连岛羊窝头刻石是省级保护文物单位，岛的中部有乾隆时期的古寺——镇海寺。

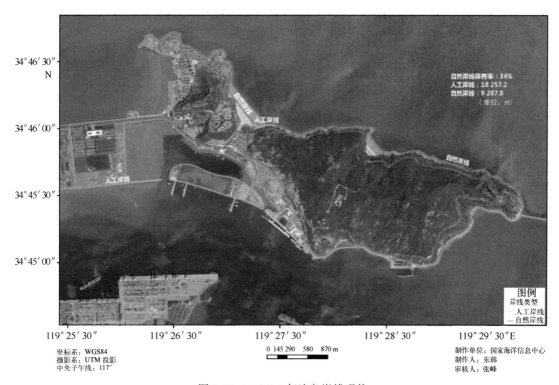

图 8.10-2　2016 年连岛岸线现状

有关部门已经制定并实施了《连岛总体规划》《连岛控制性详细规定》。连岛充分发挥生态、区位和资源优势，积极建设宜游型美丽海岛。连岛本是传统渔业乡镇，1993年建成连陆大堤后，实现了"四通一亮"，旅游业逐步发展壮大成为支柱产业，现为国家 5A 级旅游景区。连岛与连云区以大坝相连，岛上水、电等基础设施和公共服务也与大陆城区无异。目前，连岛通过海底电缆由大陆供电，通信 100% 覆盖；水源由陆地管道输送和岛上淡水库提供；实现生活垃圾 100% 处理，污水 60% 集中处理。连岛和大陆每天有陆岛公交车 20 个班次，岛上有环岛公路，交通便利。现有小学 1 所，学生81 名。有医院 1 所，医疗保险覆盖率 66%，养老保险覆盖率 100%。连岛建有固体废弃物循环利用工程 1 处，年循环利用量为 274 000 吨。连岛是"中国十大美丽海岛"之一和江苏唯一的"省级自驾营地"，同时获"中国绿化模范单位""江苏省旅游系统先进集体""全国青年文明号"等荣誉称号。

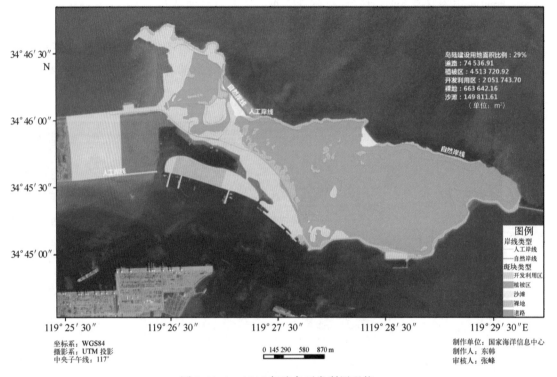

图 8.10-3　2016 年连岛开发利用现状

图 8.10-4　连岛沙滩

118

为了促进连岛旅游开发，提升旅游服务能力，保护连岛生态环境，目前连岛分散居住的岛民都搬迁到西岛集中安置区居住，岛上景区实行集中管理。连岛在国家海岛整治修复项目资金的支持下，开展了山体滑坡处理工程，修复总长 2 858 m、面积约 44 060 m² 的滑坡区域；实施沙滩养护工程，补沙面积 147 830 m²，补沙平均厚度约 22 cm；还开展了植被修复与绿化工程。海岛修复和整治取得了良好的效果。

二、生态指数评价

连岛 2016 年生态指数为 69.7，海岛生态系统状况为良。连岛植被覆盖率较高，但自然岸线保有率低、周边海域水质较差，对海岛生态环境的影响较大。海岛岛陆建设强度较适宜，但环境保护设施建设未能满足需要，污水处理率尚未达到 100%，亟待改进。在海岛生态保护方面，已经制定了总体规划和详细规划并实施，积极推进海岛生态保护和修复工作。2016 年海岛未发生违法用海、用岛行为，未发生重大生态损害事故。

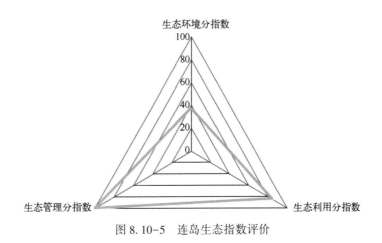

图 8.10-5　连岛生态指数评价

三、发展指数评价

连岛 2016 年发展指数为 90.8，在评估的 30 个海岛中排名第 6 位。

在经济发展方面，连岛的财政收入水平略高于沿海省（自治区、直辖市）单位面积财政收入水平，居民的人均可支配收入则略低于沿海省（自治区、直辖市）水平，经济实力较好。在海岛生态环境方面，海岛植被覆盖率、垃圾处理率和岛陆建设面积比例得分较高，但自然岸线保有率、污水处理率较低，影响了海岛生态环境。社会民生方面，连岛的供电、供水、海岛交通等基础设施完备，满足海岛需要；社会保障参保率较高，但本岛的医疗卫生人员不足。在文化建设方面，连岛拥有小学 1 所，满足海岛教育需要，建有文化体育场地（馆），设施面积 6 000 m²，人均拥有量略低于我国平均水平。在社区治理方面，规划管理及社会治安满意度均表现良好，但村规民约建设未

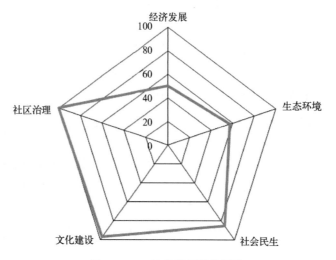

图 8.10-6　连岛发展指数评价

能全覆盖。综合分析，连岛社区治理和文化建设较好，但在经济发展、生态环境、社会民生和社区治理方面存在不足。

四、综合评价小结

以旅游为支柱产业，以建设宜游型美丽海岛为目标，连岛在基础设施方面具有良好优势，但在生态环境、公共服务和社区治理方面还需进一步发展。由于连岛距离大陆较近，在卫生医疗等社会民生方面对大陆依赖度高，因此，加强海岸线生态修复和环保设施建设是推动连岛可持续发展，促进连岛生态保护的有效途径。

第九章

东海区海岛生态指数与发展指数评价专题报告

第一节 长兴岛生态指数与发展指数评价

一、海岛概况

长兴岛隶属于上海市崇明区，是长江口南支下游岛群上端的沿岸海岛，是有居民海岛，常住人口 111 991 人。长兴岛素有"橘乡""净岛""长寿岛"之美称，曾用名长生岛，后易名为长兴岛。

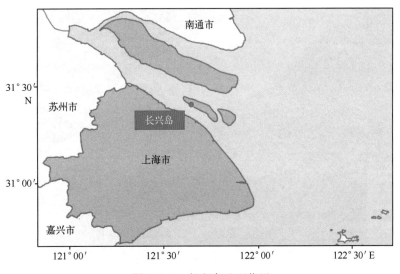

图 9.1-1　长兴岛地理位置

长兴岛面积为 158.8 km²，最高点高程为 6.4 m，岸线类型主要为泥质岸线，岸线长 111 797.2 m，其中自然岸线长 13 801.6 m，人工岸线长 97 955.6 m。长兴岛植被覆盖率 4.3%。

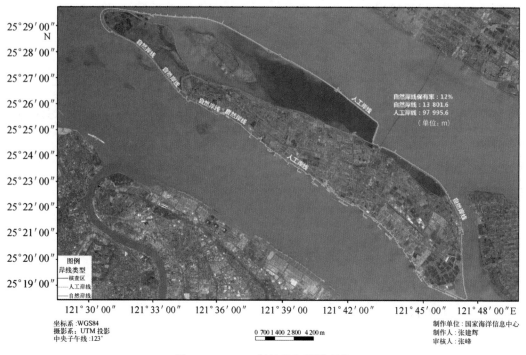

图 9.1-2　2016 年长兴岛岸线现状

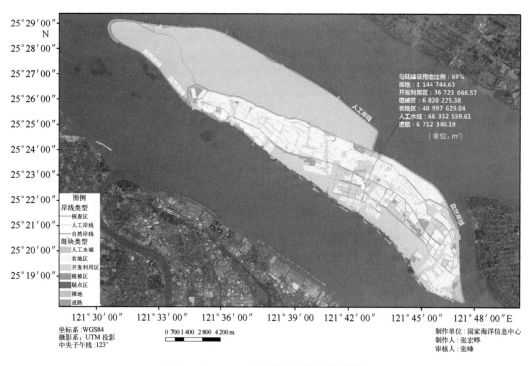

图 9.1-3　2016 年长兴岛开发利用现状

长兴岛功能定位为世界一流的海洋装备岛、上海的生态水源岛、独具特色的景观旅游岛，2016 年实现地方财政收入 112 044 万元，居民人均可支配收入 22 808 元。垃圾处理率为 100%，污水处理率达 50.5%；实现集中无限时供水、供电；防潮等级在 50 年一遇或以上标准的防潮堤环绕长兴岛，长度为 77 290 m。长兴岛通过上海长江隧桥与大陆相连。岛上有 3 所医院，执业医师 21 人，卫生所 19 所，医护人员 118 人。养老保险覆盖率达 100%，医疗保险覆盖率达 99.63%。有小学 2 所，班级 84 个，学生 3 246 人；中学 2 所，班级 37 个，学生 1 353 人。公共文化体育设施面积 1 950 m²。岛上设有警务机构；村规民约达到全覆盖。岛上建有 2 处新能源工程，分别是 20 MW 风电工程和青草沙风电场。

图 9.1-4　长兴岛青草沙水库管理委员会(左)和游览小道(右)

二、生态指数评价

长兴岛 2016 年生态指数为 47.8，总体生态状况差。

长兴岛植被覆盖率低，自然岸线保有率得分低，周边海域水质达标率得分低，海岛生态环境分指数得分低。海岛岛陆建设强度相对高，未实现污水 100% 处理，对海岛及周边海域的生态环境产生一定影响，垃圾处理率达 100%。制定了《上海市长兴岛岛域城市总体规划(2008—2020)》。2016 年，海岛未发生违法用海、用岛行为，未发生重大生态损害事故。

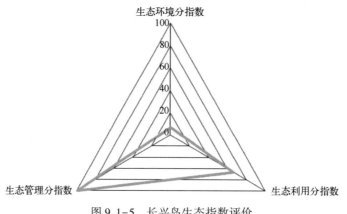

图 9.1-5　长兴岛生态指数评价

三、发展指数评价

长兴岛 2016 年发展指数为 72，在评估的 30 个海岛中排名第 25 位。

长兴岛单位面积财政收入处于中等水平，居民人均可支配收入处于中等偏下水平，经济发展分指数得分处于中等水平。海岛植被覆盖率、自然岸线保有率均明显低于其他大多数海岛，海岛岛陆建设强度相对较高，海岛周边海域水质达标率低，污水处理率仅为 50.5%，生态环境分指数得分低，海岛生态环境状况差。长兴岛实现集中无限时供水、供电，防灾减灾能力高，对外交通条件完善，满足生产、生活出行需求。每千名常住人口的公共卫生人员数较少，养老保险、医疗保险等社会保障基本全覆盖，社会民生指数得分高，社会民生整体发展水平较高。海岛教育设施齐全，中小学数量符合国家标准，满足海岛基础教育需求。人均拥有公共文化体育设施面积小，文化建设

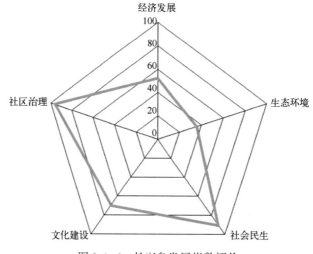

图 9.1-6　长兴岛发展指数评价

分指数得分处于中等偏上水平。长兴岛制定了海岛相关规划，村规民约达到全覆盖，设置有警务机构，年度结案率达到 75%，社区治理分指数得分高。此外，长兴岛建有青草沙水源地保护区、长兴岛 20 MW 风电工程和青草沙风电场等。2016 年，海岛未发生刑事案件、重大污染事故和生态损害事故和安全事故等。

四、综合评价小结

长兴岛生态指数得分低，发展指数得分较低，反映出长兴岛生态环境状况差，综合发展水平较低，表明长兴岛海岛生态环境保护的力度不够，海岛社会经济发展成效不突出，公共文化体育设施建设以及医疗服务力量还比较薄弱，制约了海岛的发展。

第二节 枸杞岛生态指数与发展指数评价

一、海岛概况

枸杞岛隶属于浙江省舟山市嵊泗县，是浙江省马鞍列岛东部的远岸海岛，海岛获得省级以上荣誉称号"贻贝之乡"，是有居民海岛，常住人口 8 006 人。清光绪年间的《江苏沿海图说》中称枸杞山，以枸杞岙得名。

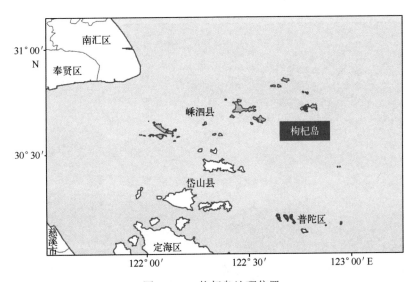

图 9.2-1 枸杞岛地理位置

枸杞岛面积为 5.9 km²，岸线类型主要为基岩岸线，岸线长 27 830.9 m，其中自然岸线长 22 603.7 m，人工岸线长 5 227.2 m，自然岸线保有率 81.2%。枸杞岛植被覆盖率 59.2%，拥有独特的景观资源，岛上有省级以上非物质文化遗产 1 项，为嵊泗渔歌；历史人文遗迹 3 处，分别为山海奇观、小西天和大王沙滩。

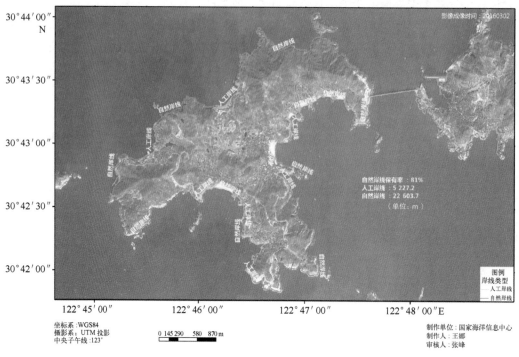

图 9.2-2　2016 年枸杞岛岸线现状

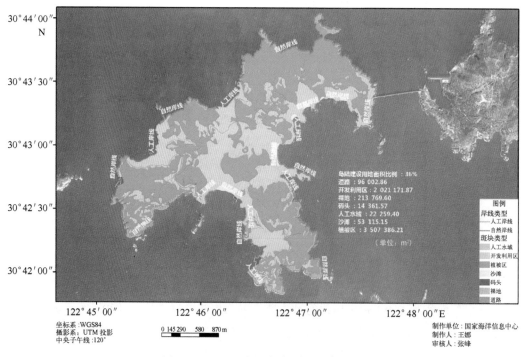

图 9.2-3　2016 年枸杞岛开发利用现状

枸杞岛是渔业重点海岛，被称为"贻贝之乡"，贻贝产量及销售量在全国均处于首位，并占据了较大的国内出口份额。渔业码头及其配套设施较为完善，海湾规划布局合理，为渔船提供了充足的停靠场所，为渔用物资有序存放提供空间，方便渔民出海捕捞和管理养殖场。2016 年，该岛地方财政收入 286 万元，人均可支配收入 24 330元；该岛养老保险覆盖率达 94.82%，医疗保险覆盖率达 99%。枸杞岛污水处理率达85%，生活垃圾处理率达 100%。全岛实现集中无限时供电、供水。岛上设有警务机构1 处，为枸杞乡派出所。岛上有医院 1 所，卫生所 1 所，医务工作人员 32 人，其中执业医师 12 人，医护人员 20 人。岛上有小学 1 所，2016 年有学生 212 人。岛上公共文化体育设施面积 3 241 m²。岛上 5 个行政村均有村规民约。通过公交车及班船进出岛，公交车单日班次 4 班，平均运力 20 人；班船单日 4 班次，平均运力 260 人。

图 9.2-4　枸杞岛渔港一角

二、生态指数评价

枸杞岛 2016 年生态指数为 70.8，总体生态状况良。

枸杞岛植被覆盖率及自然岸线保有率较高，周边海域水质较差，海岛生态环境分指数得分高，海岛本底生态系统稳定，具有一定优势。海岛岛陆建设强度一般，未实现污水 100% 处理，这对海岛生态环境有一定影响，需要改进。目前未对其制定单岛规划及保护措施，不利于海岛开发及保护。枸杞岛历史文化遗迹众多，近年来开展旅游开发活动，对海岛有一定的影响。2016 年，海岛未发生违法用海、用岛行为，未发生重大生态损害事故。

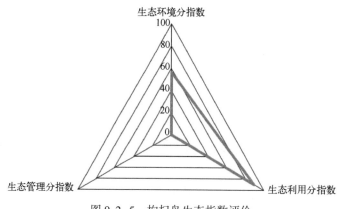

图 9.2-5 枸杞岛生态指数评价

三、发展指数评价

枸杞岛 2016 年发展指数为 71.3，在评估的 30 个海岛中排名第 26 位。

枸杞岛单位面积财政收入指标值仅 9.24，在所有评估海岛中排名靠后，居民人均可支配收入指标值也偏低。海岛周边水质相对较差。枸杞岛是远岸海岛，海岛开发有限，其防灾减灾和对外交通建设均相对落后，影响了社会民生分指数分值。人均拥有公共文化体育设施不足，文化建设尚待提升。目前，该海岛没有制定单岛规划，社区治理存在不足。海岛的生态环境尚好。总体来看，枸杞岛发展水平需进一步提升。

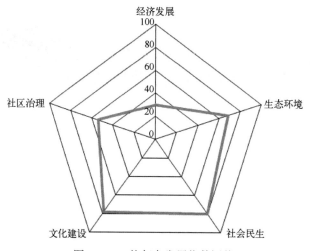

图 9.2-6 枸杞岛发展指数评价

四、综合评价小结

枸杞岛为典型的渔业海岛，开发利用程度较低，植被覆盖率和自然岸线保有率高，海岛生态环境较好。在发展方面，海岛渔业产业规模大，但优势不足，附加值低，海岛旅游业发展刚起步，经济实力偏弱。综合来说，海岛产业优势不足、人口外流、未形成有效的单岛规划、基础设施不足等都是限制海岛发展的因素。

第三节　花鸟山岛生态指数与发展指数评价

一、海岛概况

花鸟山岛隶属于浙江省舟山市嵊泗县，是泗礁山岛东北的远岸海岛，岛上有浙江省省级文化示范村、省级美丽乡村特色精品村。花鸟乡以该岛建乡，是浙江省省级卫生乡镇，被誉为浙江省"体育强乡"。花鸟山岛为有居民海岛，常住人口543人。因这一带岛屿多长有水仙花，该岛位居北端，地势最高，喻作众花山之脑，故称花脑。因岛状如飞鸟，名称演变成花鸟山岛。

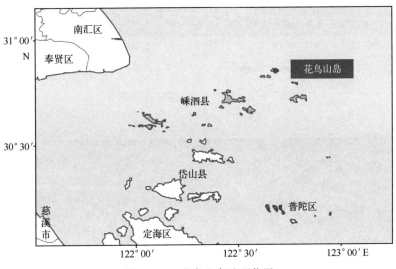

图 9.3-1　花鸟山岛地理位置

花鸟山岛面积为 3.5 km²，岸线类型主要为基岩岸线，岸线长 17 788.5 m，其中自然岸线长 16 040.4 m，人工岸线长 1 748.1 m，自然岸线保有率 90.2%。花鸟山岛植被覆盖率 79.2%，拥有省级以上文物保护单位 1 处，为花鸟山灯塔；其他历史遗迹 2 处，为天后宫和曹氏民居。

有关部门已经制定了《舟山市嵊泗县花鸟乡规划（2015—2020）》，规划了"十三五"期间海岛的发展战略。在浙江省委办公厅提出《关于加强历史文化村落保护利用的若干意见》后，为更好地保护、传承和利用海岛历史文化村落的建筑风貌、人文环境和自然生态，彰显其美丽乡村建设的地方特色，提升城乡居民的生活质量，花鸟山岛展开了海岛保护利用建设工作。主要建设内容有：花鸟村修建性详细规划制定、古道修复改造、古建筑修复、基本公建设施建设、手作一条街打造等。项目规划总投资 2 516 万元，

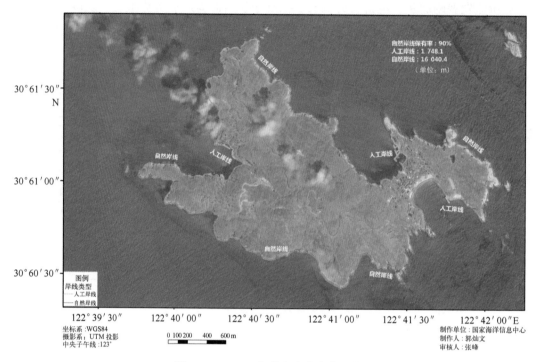

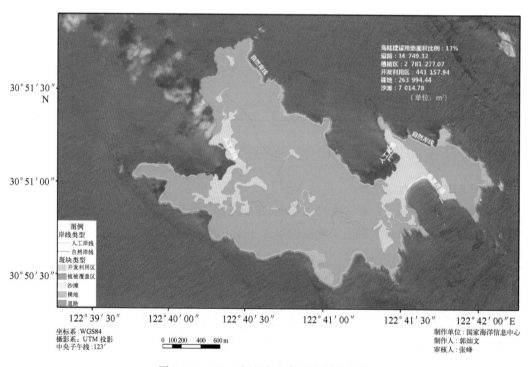

图 9.3-2　2016 年花鸟山岛岸线现状

图 9.3-3　2016 年花鸟山岛开发利用现状

图 9.3-4 花鸟山岛民居及街道

其中省级专项资金 703 万元，地方配套资金 1 813 万元。2016 年，该岛地方财政收入 239.85 万元，人均可支配收入 27 380 元，养老保险覆盖率达 90%，医疗保险覆盖率达 95%。花鸟山岛生活垃圾处理率 95%，污水处理率 100%。全岛实现集中无限时供电、供水。岛上有警务机构 1 处，为花鸟乡派出所。岛上设有卫生所 1 所，医务工作人员 3 人。公共文化体育设施面积 4 000 m²。岛上 2 个行政村均有村规民约。通过公交车及班船进出岛，公交车单日班次 2 班，平均运力 20 人；班船单日 4 班次，平均运力 200 人。

二、生态指数评价

花鸟山岛 2016 年生态指数为 90.2，生态状况优。

花鸟山岛植被覆盖率高达 79.2%，自然岸线保有率达 90.2%，但周边海域水质较差。除垃圾处理率未达 100%，海岛生态利用和生态保护相关指标均达到最高分值。该岛已制定《舟山市嵊泗县花鸟乡规划（2015—2020）》，有利于海岛保护。2016 年，海岛未发生违法用海、用岛行为，未发生重大生态损害事故。

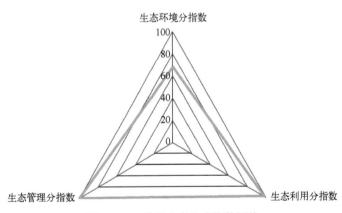

图 9.3-5 花鸟山岛生态指数评价

三、发展指数评价

花鸟山岛 2016 年发展指数为 92.5，在评估的 30 个海岛中排名第 5 位。

花鸟山岛地方财政收入指标值较低，人均可支配收入较高，在所有样本海岛中排名靠前。海岛优质的生态环境也使得相关生态指标得分高。作为远岸海岛，海岛防灾减灾设施和对外交通建设相对落后，影响了社会民生分指数得分。海岛人口较少使得其文化建设分指数和海岛社区治理分指数得分为满分，并且有 14 分的海岛特色指标加分。岛上无资源循环利用设施。

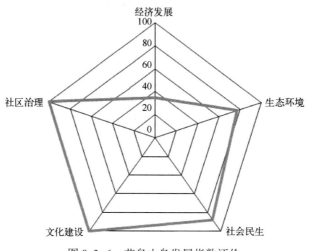

图 9.3-6　花鸟山岛发展指数评价

四、综合评价小结

花鸟山岛为生态环境优良的海岛，发展指数得分较高。花鸟山岛作为旅游类海岛，人口较少，开发利用较少，自然环境良好，旅游业发展处于上升阶段，配套设施建设相对齐全，且有明确的单岛发展规划。海岛具有较好的区位优势和一定的品牌效应。距离大陆较远，交通不便以及周边海域水质不佳是限制海岛发展的主要因素。

第四节　白沙山岛生态指数与发展指数评价

一、海岛概况

白沙山岛隶属于浙江省舟山市普陀区，是舟山群岛东部，朱家尖岛以东的近岸海岛，为国家 3A 级旅游景区，也是全国休闲渔业示范基地、国家级海钓培训基地、国家级生态乡、浙江省文明乡、浙江省旅游特色村、浙江省旅游强镇，有居民海岛，常住人

海岛生态指数和发展指数评价指标体系设计与验证

口 485 人。岛上海滩鹅卵石和砂砾遍布，在阳光照耀下，反光成一片白色，故名白沙山。1924 年版《定海县志》列有"白沙山"名。

白沙山岛面积为 1.5 km²，岸线类型主要为基岩岸线，岸线长 14 110 m，其中自然岸线长 11 990 m，人工岸线长 2 120 m，自然岸线保有率85%。白沙山岛植被覆盖率

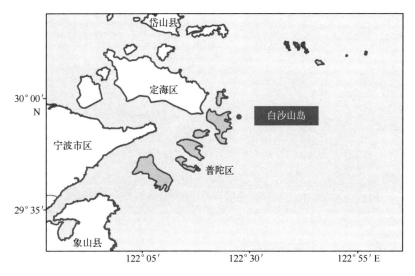

图 9.4-1　白沙山岛地理位置

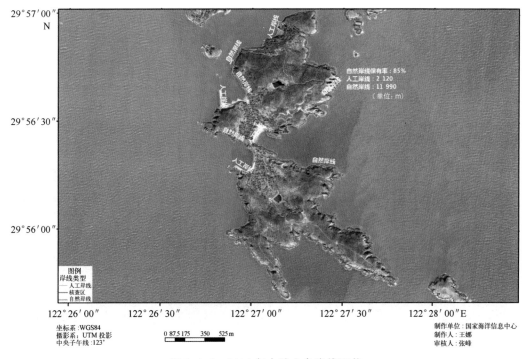

图 9.4-2　2016 年白沙山岛岸线现状

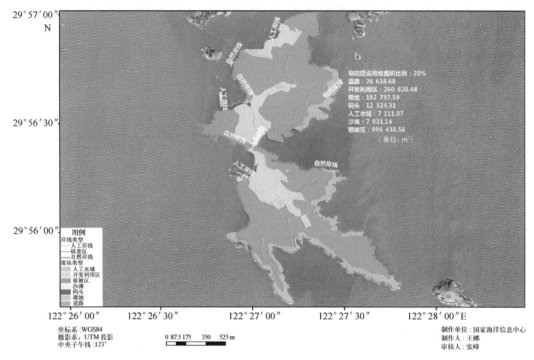

图 9.4-3 2016 年白沙山岛开发利用现状

图 9.4-4 白沙山岛风景及民居

66.3%。

　　已经制定了《舟山市普陀区白沙山岛旅游开发概念性规划》，目前规划正在实施中。该岛通过多项措施促进海岛保护与发展，具体包括：居民生活污水改造、海水淡化工程建设、居民房屋墙体刷白、生态绿化建设、三级渔港建设、生活垃圾整治、海塘加固维修、海洋牧场建设及大众海钓基地建设等。2016 年，该岛地方财政收入 200万元，人均可支配收入 21 870 元，养老保险覆盖率 92%，医疗保险覆盖率 97.3%。白沙山岛污水处理率 85%，生活垃圾处理率 100%。全岛实现集中无限时供电、供水。岛上设有警务机构 1 处，为朱家尖边防派出所白沙警务室。岛上公共文化体育设施面积2 000 m²。岛上 1 个行政村有村规民约。通过交通班船进出海岛，单日 6 班次，平均运力 198 人。

二、生态指数评价

　　白沙山岛 2016 年生态指数为 78.4，生态状况为良。

　　白沙山岛植被覆盖率及自然岸线保有率较高。周边海域水质较差，海岛生态环境分指数总体较好，海岛生态系统较稳定。海岛岛陆建设强度较低，未实现 100% 污水处理。已经制定了《舟山市普陀区白沙岛旅游开发概念性规划》并实施，有利于海岛保护。2016 年，海岛未发生违法用海、用岛行为，未发生重大生态损害事故。

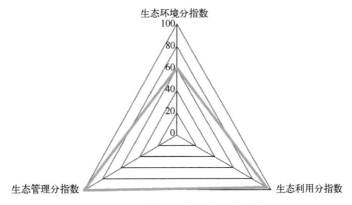

图 9.4-5　白沙山岛生态指数评价

三、发展指数评价

　　白沙山岛 2016 年发展指数为 86.9，在评估的 30 个海岛中排名第 12 位。

　　白沙山岛的海岛经济发展分指数得分较低，人均可支配收入是舟山辖海岛中最低的。虽然海岛整体生态环境较好，但是各项分值表现不突出。海岛的基础设施建设和对外交通条件较好，使得海岛的社会民生分指数得分较高。由于海岛本岛人数过少，因此，人均公共卫生人员数及文化体育设施面积充足，文化建设得分为满分。

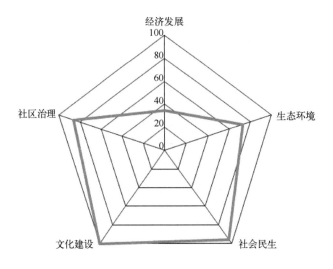

图 9.4-6　白沙山岛发展指数评价

四、综合评价小结

白沙山岛植被覆盖率和自然岸线保有率高，岛体稳定，海岛的生态环境良。但海岛周边水质较差，污水处理率较低，对海岛生态环境影响较大。在海岛发展方面，其经济实力较弱，岛上人口外流明显，未来发展明显后劲不足，海岛的功能定位及品牌建设需要加强。

第五节　六横岛生态指数与发展指数评价

一、海岛概况

六横岛隶属于浙江省舟山市普陀区，是位于舟山群岛南部的近岸海岛。六横乡被誉为浙江省文化强镇、省级文明镇、浙江省体育强镇、浙江省民间文化艺术之乡（民间绘画之乡）、"法治浙江"建设十周年工作先进集体。是有居民海岛，常住人口 100 312 人。古名黄公山，岛上从东南至西北有六条山岭蜿蜒横贯，状如蛇，而当地称蛇为"横"，故名六横岛。

六横岛面积为 103.6 km²，岸线类型主要为基岩岸线，岸线长度为 97 504.4 m，其中自然岸线长 37 385.7 m，人工岸线长 60 118.7 m，自然岸线保有率 38.3%。六横岛植被覆盖率 41.7%，岛上有 2 处历史文化遗迹，是张煌言蒙难处和浙东第一功摩崖题记。

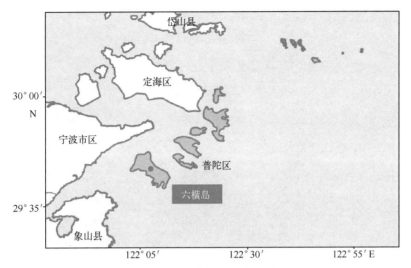

图 9.5-1　六横岛地理位置

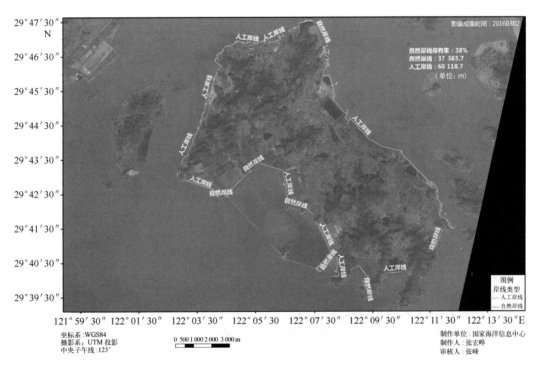

图 9.5-2　2016 年六横岛岸线现状

　　已经制定了《舟山市六横岛总体规划(2008—2020 年)》,规划了至 2020 年海岛的发展战略。六横岛以工业为主要产业,同时发展渔业、旅游业。由于海岛面积大,又靠近宁波港,具有较好的经济建设条件。六横岛目前拥有以舟山中远船务工程有限公司为代表的多个重要的船舶制造企业,同时发展港口石化、物流等其他企业。这些企业

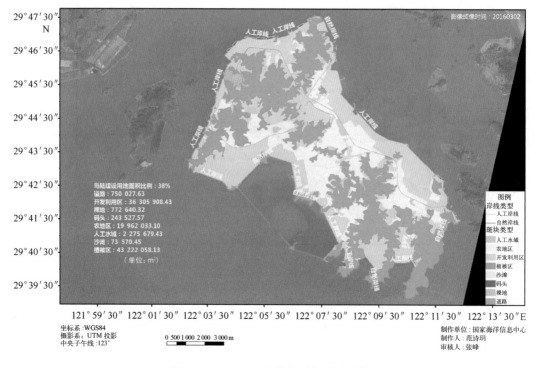

图 9.5-3　2016 年六横岛开发利用现状

图 9.5-4　六横岛污水处理厂

的生产为六横岛带来了可观的工业产值和较多的配套投资，海岛经济实力强。2016 年，该岛地方财政收入 81 763 万元；人均可支配收入 31 020 元，养老保险覆盖率 99%，医疗保险覆盖率 98.6%。岛上建有一处污水处理厂，年均处理污水 200 万吨。六横岛污水处理率 64%，生活垃圾处理率达 100%。全岛实现集中无限时供电、供水。岛上有海水淡化厂，设有警务机构 2 处，为六横公安分局和台门边防派出所。岛上有医院 2 所，卫生所 36 所，医务工作人员 349 人，其中执业医师 94 人，其余医护人员 255 人。有小学 4 所，2016 年有学生 2 046 人；中学 2 所，学生 786 人。岛上公共文化体育设施面积 170 902 m²。岛上 45 个行政村均有村规民约。通过公交车及班船进出岛，公交车单日班次 8 班，平均运力 42 人；班船单日班次 205 班，平均运力 214 人。

二、生态指数评价

六横岛 2016 年生态指数为 60.8，生态状况中等。

六横岛植被覆盖率较低，自然岸线保有率仅 38.3%，周边海域水质均未达到国家第二类海水水质标准，污水处理率仅为 64%。六横岛作为工业海岛，其岸线利用较多，岛上开发利用也较多，对生态环境分指数造成了较大影响。而工业废水对海岛污水处理也造成了较大压力，其污水处理能力不高。以上多个原因导致六横岛生态环境得分较低。已经制定了《舟山市六横岛总体规划（2008—2020 年）》并实施多年，有利于海岛保护。六横岛上有 2 处区级文物保护单位，均采取较好的保护措施。2016 年，海岛未发生违法用海、用岛行为，未发生重大生态损害事故。

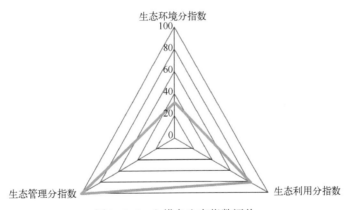

图 9.5-5　六横岛生态指数评价

三、发展指数评价

六横岛 2016 年发展指数为 90.2，在评估的 30 个海岛中排名第 7 位。

六横岛单位面积财政收入及居民人均可支配收入较高，经济发展分指数较高。较高的收入水平使得六横岛出现了人口聚集效应，海岛目前有 10 万常住人口。六横岛的生态环境分指数相对较低，岛上开发利用强度较高，岸线保有率、植被覆盖率较低。周边海域水质均未达到国家第二类海水水质标准。海岛污水处理率低。六横岛基础设施建设完备，防灾减灾设施相对完备，社会民生分指数也很高。社保覆盖率及教育机构覆盖率均为舟山所辖海岛最高水平。文化建设分指数得分为满分。六横岛有长期且较详细的单岛开发规划，岛上落实了村规民约。六横岛由于人口众多，且外来人口较多，岛上虽有警务机构，但是社会治安情况并不理想，案件多，结案率不高，使得治安满意度相关指标有所失分。海岛规划管理和品牌建设指标均为满分。

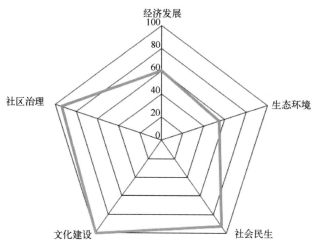

图 9.5-6　六横岛发展指数评价

四、综合评价小结

六横岛是以工业发展为主的海岛，工业生产使得海岛经济发展强势，海岛居民人均可支配收入较高，海岛基础设施和配套的规划管理完备。但随着工业的持续开发利用，六横岛面临了较大的生态及环境压力，海岛岛体自然岸线保有率走低，海岛周边开发利用强度大；同时，工业生产产生的大量污水也给海岛周边水质带来了极大影响。虽然海岛已经建设大规模污水处理厂，但是仍难以满足污水处理需求，海岛生态环境整体发展趋势并不乐观，是限制海岛未来发展的主要因素。

第六节　桃花岛生态指数与发展指数评价

一、海岛概况

桃花岛隶属于浙江省舟山市普陀区，是舟山岛南部的近岸海岛，是国家 4A 级旅游景区，被称为"浙江省十大避暑胜地"之一、"浙江最美岛屿"；岛上有浙江省美丽乡村示范乡镇、浙江省绿色生态示范小镇、浙江省农家乐旅游示范村；建有浙江省海岛植物园。是有居民海岛，常住人口 12 549 人。相传因秦末汉初隐士安期生在岛上洒墨溅成桃花纹而得名桃花岛。

桃花岛面积为 40.7 km²，岸线类型主要为基岩岸线，岸线长 60 611 m，其中自然岸线长 48 158 m，人工岸线长 12 453 m，自然岸线保有率 79.5%。桃花岛植被覆盖率 74.4%。岛上拥有丰富的景观资源，4 处历史文化遗迹，分别是白雀寺、安期峰、圣岩寺和茅山庙。

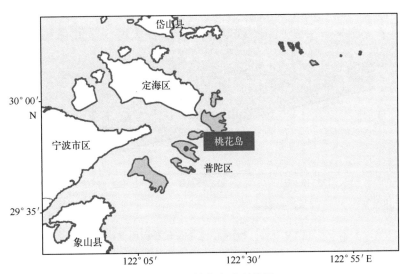

图 9.6-1　桃花岛地理位置

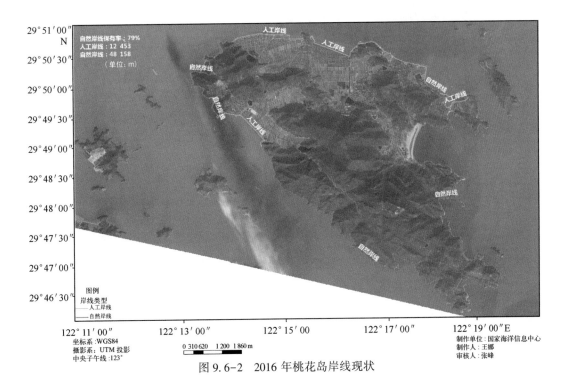

图 9.6-2　2016 年桃花岛岸线现状

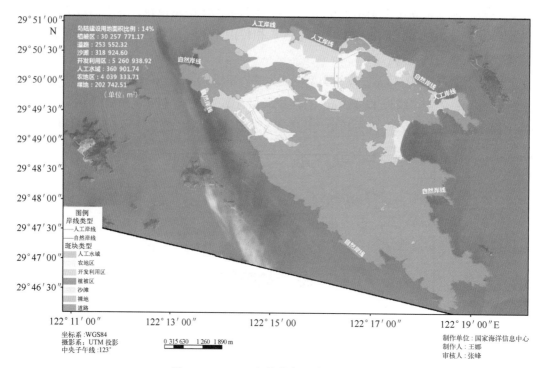

图 9.6-3　2016 年桃花岛开发利用现状

图 9.6-4　桃花岛沙滩及旅游标志碑

　　有关部门已经制定了《桃花岛风景名胜区规划》。桃花岛充分发挥生态、人文优势，积极打造宜居宜业宜游型美丽海岛。2016 年，该岛地方财政收入 4 449 万元；人均可支配收入 22 400 元，养老保险覆盖率 99.7%，医疗保险覆盖率 96.1%。岛上有中水回用工程 1 处，年中水平均处理量 32 万吨，有固体废弃物循环利用工程 1 处，年均处理量 400 吨。桃花岛污水处理率达 90%，生活垃圾处理率 99%。全岛实现集中无限时供电、供水。岛上设有警务机构 1 处，为桃花边防派出所。岛上有医院 1 所，卫生所 1 所，医务工作人员 14 人，其中执业医师 7 人，医护人员 7 人。有小学 1 所，2016 年有学生 178 人；中学 1 所，2016 年有学生 91 人。岛上公共文化体育设施面积 3 500 m²。岛上 7 个行政村均有村规民约。通过班船进出岛，单日班次 74 班，平均运力 498 人。

二、生态指数评价

桃花岛 2016 年生态指数为 76.4，生态状况良。

桃花岛植被覆盖率、自然岸线保有率相关指标得分较高，但周边海域水质受区位影响，均未达到国家第二类海水水质标准。海岛污水处理率和垃圾处理率均达 90% 以上，生态利用情况较好。桃花岛对景区内历史遗迹采取了有效保护措施。2016 年，海岛未发生违法用海、用岛行为，未发生重大生态损害事故。

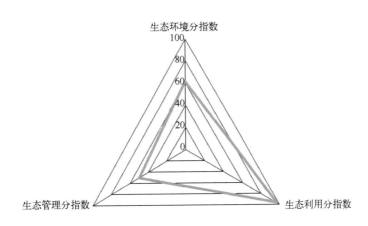

图 9.6-5　桃花岛生态指数评价

三、发展指数评价

桃花岛 2016 年发展指数为 84.1，在评估的 30 个海岛中排名第 15 位。

桃花岛作为旅游类海岛，地方财政收入和居民可支配收入较低，经济发展分指数得分较低。岛陆开发利用较少，自然岸线保有率高，而且岛上污水处理率和垃圾处理率均比较高，海岛生态环境分指数得分较高；海岛周边水质较差。

桃花岛水电和对外交通条件及防灾减灾设施相对完备，社会民生分指数得分也较高。海岛文化建设分指数得分较低。由于海岛并未落实单岛规划，一定程度上拉低了发展指数。桃花岛品牌建设突出，也建立了相对完备的污水处理和垃圾回收设施，有较高的特色指标加分。对自然环境及历史人文遗迹的保护状况良好。

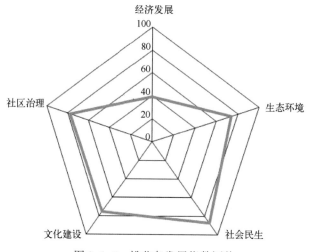

图 9.6-6　桃花岛发展指数评价

四、综合评价小结

依托品牌效应,桃花岛从过去的渔业海岛逐渐发展成为了渔业与旅游业并重的海岛。桃花岛具有良好的自然环境,自然岸线保有率高,岛陆开发利用强度低,污水垃圾处理设施较为完备。但从发展来看,海岛的财政收入和人均可支配收入均较低,旅游产业尚未发展壮大,经济实力较弱。

第七节　梅山岛生态指数与发展指数评价

一、海岛概况

梅山岛隶属于浙江省宁波市北仑区,是北仑区境内东南部海中唯一的海岛乡,是沿岸岛。东临峙头洋,南濒佛渡水道,与舟山市普陀区的佛渡、六横、桃花诸岛隔海相望,西贯象山港,北依梅山港,与白峰镇的下阳村、平阳村毗邻。梅山岛四季葱绿,素有"绿岛"之称,是有居民海岛,常住人口 18 906 人,流动人口 843 人。因相传在明朝有位省级巡抚,姓梅名子山,到该岛和六横岛等地巡查时被海盗所杀。岛民为了纪念他,在此岛建圣庙 1 座,名"梅子山庙",岛由此得名。

梅山岛面积为 37.2 km²,岸线类型主要为基岩岸线,岸线长 34.3 km,其中人工岸线长 33.2 km,自然岸线长 1.1 km,植被覆盖率 34.5%。梅山岛是我国海岛中腹地开阔的海积平原岛,地形呈足迹形,地势由东北向西南倾斜。梅山岛土壤肥沃、物产丰富,现在是宁波市唯一保留的海洋湿地岛屿。现有"水浒名拳"(省级非物质文化遗产)和宁波梅山盐场遗址。

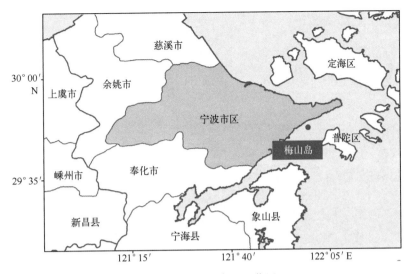

图 9.7-1　梅山岛地理位置

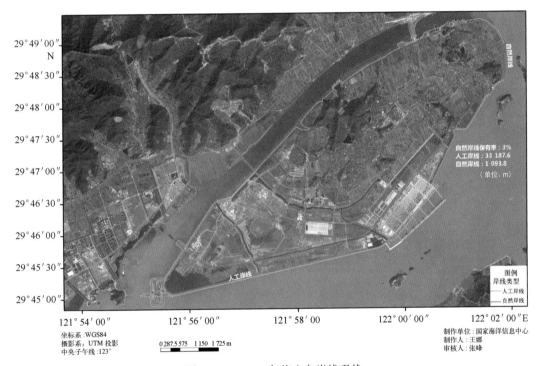

自然岸线保有率：3%
人工岸线：33 187.6
自然岸线：1 093.8
（单位：m）

图例
岸线类型
人工岸线
自然岸线

坐标系：WGS84
摄影系：UTM 投影
中央子午线:123°

0 287.5 575　1 150　1 725 m

制作单位：国家海洋信息中心
制作人：王娜
审核人：张峰

图 9.7-2　2016 年梅山岛岸线现状

　　梅山岛已经制定了《宁波梅山（保税）港城总体规划》。梅山岛充分发挥生态、产业和区位优势，发展目标为动力保税港、魅力休闲岛、港口物流岛。功能定位为中国自由贸易试验区、长江三角洲"三位一体"和港航现代物流服务体系建设示范区、浙江海洋新兴产业发展引领区和宁波现代化国际港口城市新城区。梅山岛实现生活

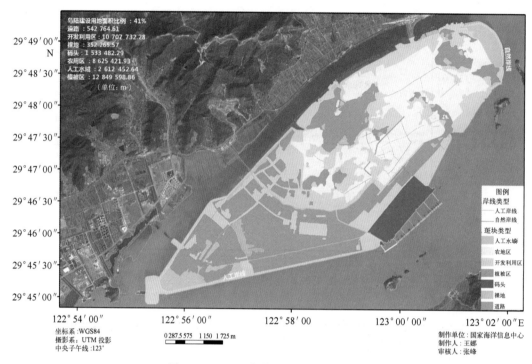

图9.7-3 2016年梅山岛开发利用现状

垃圾100%处理，有环境保洁人员，配备了垃圾车，负责清理垃圾、清扫道路和公共场所。污水处理率90%。全岛供电、通信100%覆盖；水源来自过江引水管道，有高压供水泵站1座，岛上有淡水资源，但蓄水量不大，作为备用水源使用，岛上居民通过集中净水设备保障饮用水水质。梅山岛各项公共设施齐全，包括医院、学校、体育场所、文化活动中心等。2010年，梅山大桥及接线工程全线贯通，春晓大桥目前已竣工，从宁波到梅山的交通时间将缩短40分钟。梅东渡、盘峙码头和磨头码头也通过交通班船往返大陆，现拥有千吨位固定码头2座，500吨位活水码头2座，200~600吨车客渡轮8艘，候客厅、办公楼、仓库、食堂和寝室等公用建筑2 400多 m^2。梅山保税港区集装箱码头一期工程已建设5个万吨级集装箱泊位，泊位长度1 800 m，码头前沿水深15.6 m以上，能靠泊10万吨级船舶，二期工程再建5个同样规模的集装箱码头，设计年集装箱吞吐能力300万标准箱。梅山岛上交通便利，形成了纵横交叉、四通八达的交通网络，进出岛公交车单日最多班次296班；单车平均运力60人，实现了村村通公路及其道路的硬化、美化、亮化和净化，乡容乡景大为改观。民间文艺是梅山岛的特色文化，历史悠久、内容丰富多彩，诸如舞狮、舞龙、武术等传统节目，为梅山乡赢得"浙江省民间文艺之乡""国家级生态乡"和"舞狮之乡"等美誉。

海岛生态指数和发展指数评价指标体系设计与验证

图 9.7-4　梅山岛保税港区

二、生态指数评价

梅山岛 2016 年生态指数为 58.1，生态状况中等。

生态环境方面，梅山岛指标分值较低，表现在植被覆盖率较低，为 34.52%。自然岸线保有率低，仅为 3.19%。早年建造防潮堤坝，岸线均固化，以人工岸线为主，自然岸线存留少。周边海域水质得分为零，常年低于国家第四类海水水质标准。近年来，常有岸边出现江豚尸体的报道，可能与水质差有关，梅山岛周边海域水质亟待改善。生态利用方面，梅山岛岛陆建设用地面积指标值为 79，在评价的 40 个海岛中名列前茅。已经制定《宁波梅山（保税）港城总体规划》并实施，有利于海岛开发与保护。梅山岛有一处梅山盐场遗址，已实施有效保护。2016 年，海岛未发生违法用海、用岛行为，未发生重大生态损害事故。

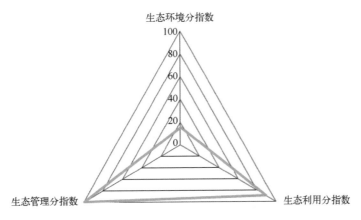

图 9.7-5　梅山岛生态指数评价

三、发展指数评价

梅山岛 2016 年发展指数为 97.9，在评估的 30 个海岛中排名第 2 位。

在经济发展方面，梅山岛在目前 30 个评估岛屿中位居第一，经济发展水平高。在生态环境方面，植被覆盖率较低，海水水质亟待改善。同其他评估海岛相比，岛陆建设开发强度较大。社会民生方面，梅山岛的基础设施建设和对外交通条件均较为完善，为梅山岛的发展提供了坚实的保障。岛上医疗卫生方面指标值较低，一定程度上影响了梅山岛的发展指数。文化建设方面，教育设施、文化体育等的建设较为完善，能够满足岛上居民的需求。社区治理方面，梅山岛制定了《宁波梅山（保税）港城总体规划》，通过科学合理的规划，为梅山岛的发展树立了正确的方向和目标。社会治安满意度指标值为 74.2，结案数仅为立案数的一半。梅山岛相较其他岛屿人口流动较为频繁，社会治安的压力大。综合分析，梅山岛在经济发展、文化建设、社区治理方面均发展较好，在社会民生和生态环境方面尚存在不足，需大力开展生态保护。

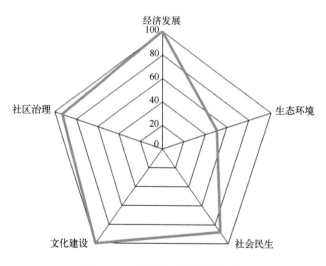

图 9.7-6　梅山岛发展指数评价

四、综合评价小结

梅山岛的发展是依托良好的区位优势、港口优势以及岸线优势。在经济发展、文化建设方面，整体上均具有较大优势，但在医疗卫生保障方面、社会治安管理方面仍存在不足。生态环境方面是梅山岛发展的短板，其周边海域水质和自然岸线保有率均较低，岛上的生态环境问题应引起重视。

第八节　南田岛生态指数与发展指数评价

一、海岛概况

南田岛隶属于浙江省宁波市象山县，西邻高塘岛，是有居民海岛，常住人口45 000人。南田岛西部多低丘平原，东部多山地，岛岸曲折，东海岸多海湾，有沙滩，海域开阔。曾用名大南田、牛头山，因"内多膏腴田"，且地处县南，故名。

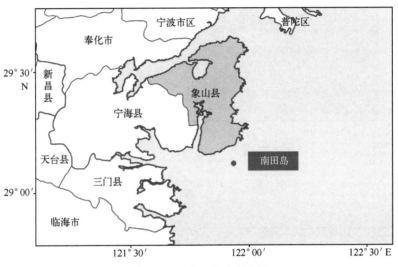

图 9.8-1　南田岛地理位置

南田岛面积为 89.8 km²，岸线类型主要为基岩岸线，岸线长 71 757.9 m，其中人工岸线长 41 987.2 m，自然岸线长 29 770.7 m，植被覆盖率 63.7%。南田岛以渔业和种植业为主，柑橘、枇杷等果木种植较多。西海岸的鹤浦镇是渔业老镇，中国四大渔港之一的石浦港就在此地。港池中桅樯林，船来船往，每当渔船避风和渔休季节时，景象尤为壮观。岛内港湾、沙滩、断崖和峡谷等旅游资源丰富，以风门口和大沙为典型。

有关部门已经制定了《鹤浦镇 2016—2030 年镇域总体规划》。根据南田岛的自然条件，充分利用海岛地区丰富的风力资源和海洋能资源，开展海岛风能、太阳能、海洋能等可再生能源开发利用及多能互补技术的研究与应用，将南田岛建成清洁能源岛、现代渔业岛、海洋生态岛等各具特色的主体功能岛。其现代农业经济不断发展，2013 年实现农渔业总产值 23.42 亿元。南田岛实现生活垃圾 100% 处理，污水处理率也达100%，全岛实现集中无限时供电，通信 100% 覆盖；通过集中净水设备，保障饮用水水质。南田岛有中水回用工程 1 处，固体废弃物循环利用工程 39 处，此外，还有小网

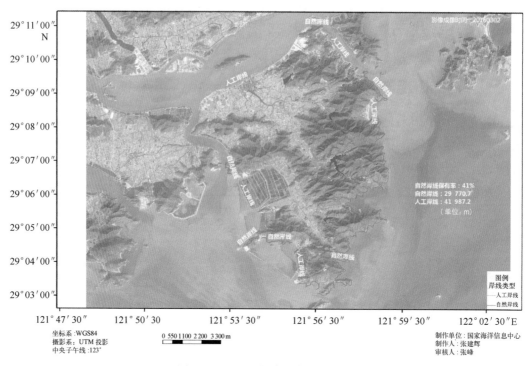

图 9.8-2　2016 年南田岛岸线现状

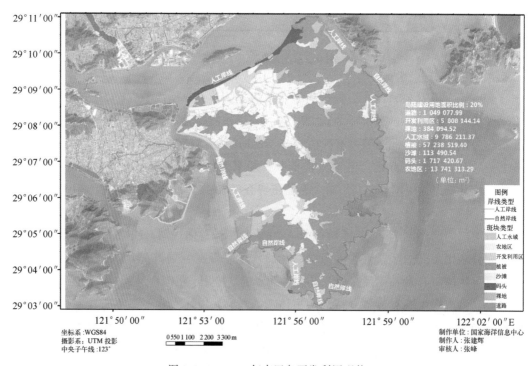

图 9.8-3　2016 年南田岛开发利用现状

巾光伏发电项目和峙弄塘光伏发电项目各 1 项。南田岛有桥隧通往大陆，进出岛公交车单日最多班次为 12 班，单车平均运力 38 人；公共班船单日最多班次为 47 班，单船平均运力 100 人。岛上大百丈先秦岩画是省级以上文物保护单位，其他典型的自然或历史人文遗迹有 6 处，分别是：大沙自然沙滩、风门口森林公园、南田县原县政府遗址、民族英雄张苍水遗址、金七门开禁封禁碑以及县文物保护点——樊岙白龙潭。

图 9.8-4　南田岛海港一角

二、生态指数评价

南田岛 2016 年生态指数为 78，海岛生态状况良。

生态环境方面，南田岛植被覆盖率较高，达 63.71%，自然岸线保有率为 41.49%。海岛陆地生态环境指数总体得分高。海岛周边海域水质得分较低，均未达到国家第二类海水水质标准。生态利用方面，南田岛岛陆建设强度较低，岛上实现 100% 污水处理和 100% 垃圾处理。生态保护方面，已经制定并实施了《鹤浦镇 2016—2030 年镇域总体规划》，有利于海岛合理开发和保护。岛上的自然和历史人文遗迹均采取了保护措施。2016 年，海岛未发生违法用海、用岛行为，未发生重大生态损害事故。

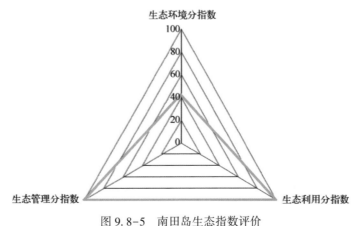

图 9.8-5　南田岛生态指数评价

三、发展指数评价

南田岛 2016 年发展指数为 85，在评估的 30 个海岛中排名第 14 位。

在经济发展方面，南田岛的单位面积财政收入指标值为 17.71，位列第 23 名，处于中等偏下水平。南田岛海水水质状况不容乐观，加之有时爆发赤潮，均对南田岛的渔业产生较大影响。居民人均可支配收入指标值为 46.6，处于中等偏下水平。经济发展水平不高，是造成南田岛发展指数排名靠后的主要限制因素。生态环境方面，南田岛岛陆建设用地面积比例的指标值为 99.6，海岛的开发利用强度小。影响南田岛生态环境的主要限制因素是周边海水水质状况，其植被覆盖率和自然岸线保有率在所有评估海岛中处于中等水平。在社会民生建设中，南田岛在基础设施和对外交通保障方面均较完善，但防灾减灾设施和医疗卫生保障方面尚存在不足。文化建设方面总体水平较高，但公共文化体育设施尚待完善。社区治理方面，南田岛的总体水平较高。此外，南田岛在历史遗址遗迹保护、培育海岛特色文化建设方面较出色。

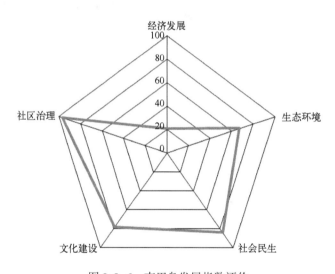

图 9.8-6　南田岛发展指数评价

四、综合评价小结

南田岛的生态指数和发展指数均处于中等水平。生态指数评价为良，生态利用和生态管理方面较好，而在生态环境方面，海水水质是影响生态环境的最大短板。发展指数中，社区治理、文化建设、社会民生建设总体水平较高，但医疗卫生保障和防灾减灾设施建设仍需提高。生态环境质量总体较好，海水水质尚待提升。经济发展水平是制约发展指数的最大影响因素，主要是受限于岛上主导经济产业（种植业、渔业）规模小，受自然灾害影响较大。

第九节 花岙岛生态指数与发展指数评价

一、海岛概况

花岙岛隶属于浙江省宁波市象山县，位于浙江省三门湾口东侧、石浦镇西南约14 km处，北近高塘岛，是近岸岛。花岙岛以自然景观为主，素有"海上仙子国""人间瀛洲城"之称，是有居民海岛，常住人口698人。曾用名花鸟岛、悬岙岛、大佛头岛、大佛岛，因花岙其时名为悬岙，当地"悬"与"花"音相似，故名。

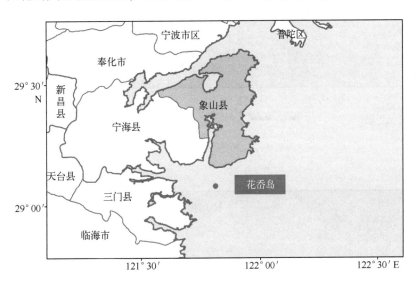

图 9.9-1 花岙岛地理位置

花岙岛面积为16.2 km²，岸线类型主要为基岩岸线，岸线长30 776.4 m，其中人工岸线长8 342.3 m，自然岸线长22 434.1 m，自然岸线保有率为73%，植被覆盖率59.3%。花岙岛拥有丰富的景观资源，有奇特的火山岩现象和海蚀海积柱状节理群。其中，火山玄武岩柱状节理岩石现象，属于世界上三大火山岩原生地貌之一。岛上代表性的地质遗迹景观还有大佛头山柱峰、千年古樟树泥坪、小甲山海蚀拱桥、天作塘、清水湾砾石滩等。2014年12月，花岙岛成为浙江省首个省级海岛地质公园。

根据《象山海洋(海岛)综合开发试验区规划》，花岙岛规划了海岛10年的发展战略。同时，花岙岛也制定了单岛规划——《花岙旅游开发总体规划》和《花岙岛村庄规划》，依托花岙岛良好的海洋生态环境和独特的海岛自然人文景观，重点发展生态型的海岛观光旅游，规划建成滨海旅游岛、海洋生态岛等各具特色的主体功能岛。花岙岛全年接待游客十几万人次，生活污水处理率和垃圾处理率达100%，全岛供电、通信

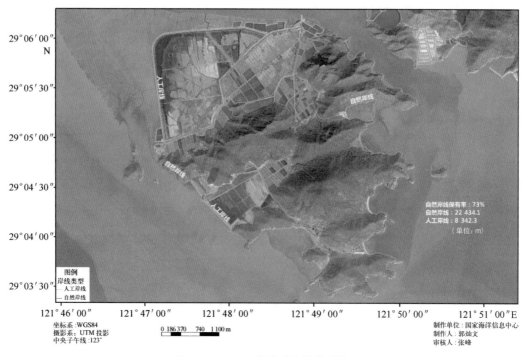

图 9.9-2　2016 年花岙岛岸线现状

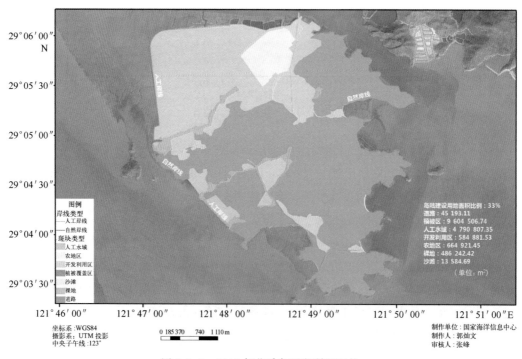

图 9.9-3　2016 年花岙岛开发利用现状

图 9.9-4　花岙岛特色海蚀地貌

100% 覆盖；通过集中净水设备，保障饮用水水质。旅客和居民通过定往返的客货混装渡轮进出港，公共班船单日最多班次达 11 班，单船平均运力 89 人。

二、生态指数评价

花岙岛 2016 年生态指数为 81.4，海岛生态状况优。

生态环境方面，花岙岛植被覆盖率较高，为 59.3%，自然岸线保有率也较高，为 73%。海岛陆地生态环境指数得分高，生态系统较为稳定。周边海域水质得分较低，水质均低于国家第二类海水水质标准，亟待改善。生态利用方面，海岛岛陆建设强度较低，指标分值为 100，保持了较好的原生态环境。花岙岛实现 100% 的污水处理率和 100% 的生活垃圾处理率。生态保护方面，海岛已经制定了单岛规划并实施，有利于海岛保护。花岙岛已建立国家级海洋公园、国家级森林海岛、省级地质公园等保护区，景观资源保护较好。2016 年，未发生违法用海、用岛行为，未发生重大生态损害事故。

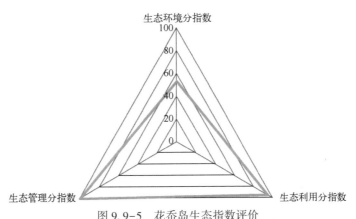

图 9.9-5　花岙岛生态指数评价

三、发展指数评价

花岙岛 2016 年发展指数为 81.5，在评估的 30 个海岛中排名第 18 位。

总体上看，花岙岛的综合发展指数一般。经济发展方面，花岙岛单位面积财政收入指标值为 0.56，在 30 个海岛中排名靠后，远低于其他海岛的经济发展水平。居民人均可支配收入指标值为 19.66，也处于较低水平。生态环境方面，岛上岛陆开发强度中等，环境压力较小，生态环境总体较好。花岙岛在社会民生、文化建设、社区治理方面的发展总体水平较高，但个别方面仍有改善空间，包括医疗卫生保障、社会保障、防灾减灾设施和社区治安方面。

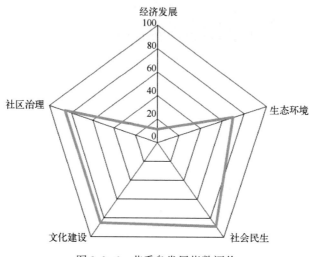

图 9.9-6　花岙岛发展指数评价

四、综合评价小结

花岙岛总体上维持了较为原生态的海岛景观，生态系统结构较稳定，植被覆盖率较高，自然岸线保有率高，海岛岛体稳定。岛陆旅游开发及围垦盐田对海岛生态环境产生一定干扰，但总体生态状况良好。海水水质和经济发展水平是制约海岛发展的主要因素。

第十节　下大陈岛生态指数与发展指数评价

一、海岛概况

下大陈岛隶属于浙江省台州市，位于浙江省台州市椒江区东部，是台州湾东南的近岸海岛，是国家一级渔港、省级森林公园和省海钓基地，岛周边海域是浙江省第二

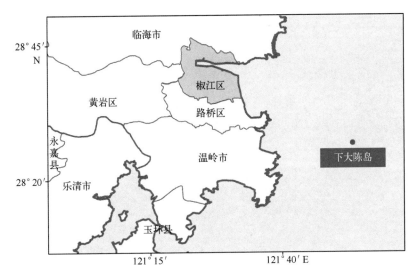

图 9.10-1　下大陈岛地理位置

渔场，素有"东海明珠"之美称，是有居民海岛，常住人口 694 人。曾用名下大陈山、下台，因大陈岛有南、北两岛，当地群众称"北"为上，称"南"为下，该岛居南故名下大陈岛。

下大陈岛面积为 4.5 km²，岸线类型主要为基岩质岸线和砂砾质滩岸线两类，总岸线长 24 941.5 m，其中自然岸线长度为 24 185.1 m。下大陈岛植被覆盖率 83.8%。下大陈岛周边海域是众多集群性鱼类繁殖生长、洄游索饵的良好场所，形成了浙江省第二大渔场——大陈渔场，盛产带鱼、黄鱼、鲳鱼、墨鱼、海蜇、梭子蟹和虾类等。旅游资源较丰富，有良好的自然景观，其中甲午岩以造型雄奇见长，有"东海第一盆景"之称。

有关部门已经制定了《浙江省大陈岛保护和整治修复项目实施方案》和《浙江省重要海岛开发利用与保护规划》。下大陈岛景观奇绝，海产丰盈，自然条件优越，积极发展为集度假、休闲观光和寻访史迹旅游于一体的美丽海岛，规划建成滨海旅游岛、海岛休闲度假岛，依托海岛独特的景观资源，重点发展海岛型的休闲度假、水上娱乐、观光游览等海洋旅游产业。其现代渔业经济持续高效发展，2016 年实现海洋经济总产值 5.1 亿元，其中渔业总产值为 1.72 亿元。下大陈岛拥有"渔岛文化、垦荒文化、军旅文化、两岸文化"四大文化，海岛旅游势头强劲，2016 年全年接待游客约 10 万人次。拥有"省级美丽乡村示范乡镇""省级海洋保护与示范岛""省级森林公园"和"国家级海钓基地"等称号。2012 年，下大陈岛的保护与开发利用被列入中央分成海域使用金支持项目。经过项目整治修复后，对其废弃物进行分级处理，以"减量化处理 + 集中转运 + 统一处置"的废弃物处理方式，实现生活垃圾 100% 处理，全岛供电、通信 100% 覆盖；岛上有淡水资源，主要为两个水库和地下水，居民用水由 4 处地下水井供水。通

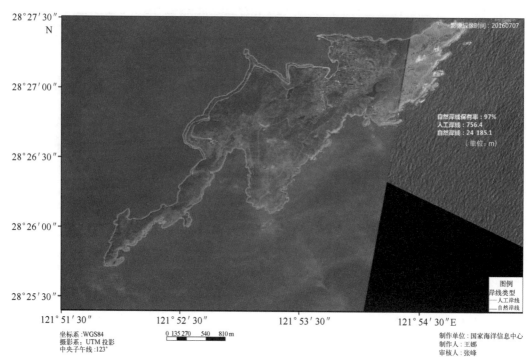

图 9.10-2　2016 年下大陈岛岸线现状

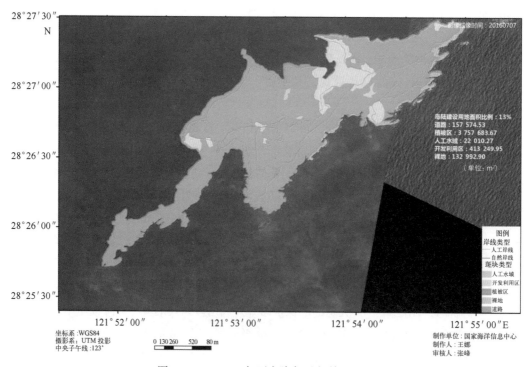

图 9.10-3　2016 年下大陈岛开发利用现状

158

过集中净水设备保障饮用水水质。通过交通班船往返大陆，在椒江码头乘船前往即可，航程约 2 个小时。下大陈岛高地周围有战壕、碉堡、地下掩体等重要军事遗迹。

图 9.10-4　下大陈岛的自然风光

图 9.10-5　下大陈岛的铜围网养殖

二、生态指数评价

下大陈岛 2016 年生态指数为 88.2，生态状况优。

下大陈岛植被覆盖率较高，自然岸线保有率得分较高，海岛生态环境分指数得分高，海岛生态系统稳定，但海洋灾害频发，易导致山体滑坡和泥石流，给岛上居民人身和财产安全带来极大隐患。周边海域水质得分低，潮间带水质污染较严重，石油类为主要污染物，对海岛生态环境的影响较大，亟待改进。在海岛的生态保护方面，《大陈镇总体规划(2016—2030)》待审批实施，有利于对海岛的进一步保护。对岛上的自然景观和历史人文遗迹也采取了较为有效的保护措施。2016 年，海岛未发生违法用海、用岛行为，未发生重大生态损害事故。

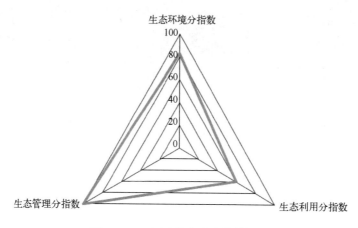

图 9.10-6　下大陈岛生态指数评价

三、发展指数评价

下大陈岛 2016 年发展指数为 88，在评估的 30 个海岛中排名第 10 位。

在经济发展方面，下大陈岛的单位面积财政收入及居民人均可支配收入在 30 个海岛中处于中等水平。在海岛生态环境方面，其植被覆盖率、自然岸线保有率较高，生活垃圾和生活污水实现 100% 处理，海岛生态环境保持良好，得分较高。在社会民生方面，供电、供水等基础设施完备，但陆岛交通方式单一，受大风、大雾天气影响显著，对海岛发展不利。公共卫生人员数多，可满足岛上的卫生医疗需求，但社会保障覆盖率仍有较大的提升空间。在文化建设方面，拥有小学、中学各 1 所，可满足海岛教育需要，但就读学生数量日趋减少。人均拥有公共文化体育设施面积较大。在社区治理方面，村规民约全面覆盖。注重海岛品牌建设，获得省级以上的荣誉称号 5 个。落实自然和历史人文遗迹保护，大小浦自然村被列为第二批全国传统村落保护名录。开展战壕、碉堡等军事遗迹保护工程。

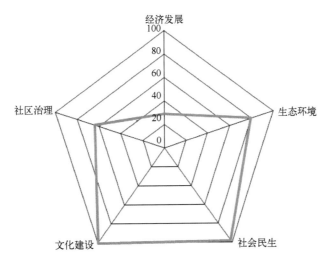

图 9.10-7 下大陈岛发展指数评价

四、综合评价小结

作为集度假、休闲观光和寻访史迹旅游于一体的海岛，下大陈岛在海岛品牌建设、卫生医疗和自然与历史人文遗迹保护方面有较大的优势，重视环境保护与卫生整治。社会保障情况、交通基础设施、规划管理及环保方面应再完善和提高。海岛的发展受到以下几个因素的限制：一是陆岛交通方式单一，受天气影响制约陆岛联通；二是常住人口数量减少，小学及中学的总人数不足 30 人，影响社区发展；三是岛上的废弃物处理随着游客数量的增加而逐年大幅增加，海岛环境的卫生整治有待加强。需加快推进《大陈镇总体规划（2016—2030）》实施，加强海岛保护与发展工作。

第十一节　鹿西岛生态指数与发展指数评价

一、海岛概况

鹿西岛隶属于浙江省温州市洞头区，位于洞头岛的东北部，西南距区城北岙街道 17 km，是重点渔业捕捞基地之一，为有居民海岛，常住人口 3 800 人。曾用名平头山、鹿栖岛、平顶山、鹿西山、东臼山，早年岛上有鹿群栖息，谐音"鹿西"，故名鹿西岛。

鹿西岛面积为 8.9 km²，岸线类型主要为基岩岸线，岸线长 77 295.9 m，其中自然

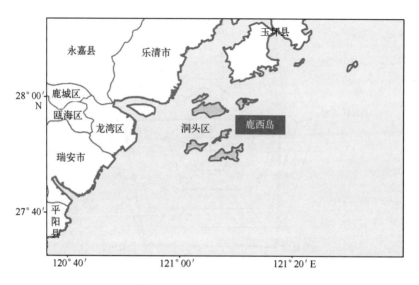

图 9.11-1　鹿西岛地理位置

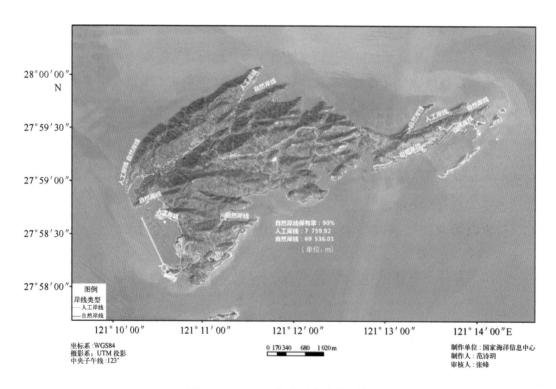

图 9.11-2　2016 年鹿西岛岸线现状

岸线长 69 536 m。鹿西岛植被覆盖率 89.2%，地形以丘陵为主，地势西北高、东南低，山体走向不规则，起伏较大，多深谷，临海一侧的山坡较险陡，中部地势起伏小。沿岸曲折多岙，岸壁大多陡直，水际多延伸礁石，共有港湾、岙口 28 个，水位较深。鹿西岛的土壤有滨海盐土 64.65 hm²（滩涂泥），红壤 195.15 hm²（棕红泥土），粗骨土 352.35 hm²（棕石砂土）。该岛位于洞头鹿西海岛的东北海域，长年有群鸟寄居翱翔，繁衍生殖。渔业资源丰富，盛产虾皮、七星鱼、带鱼、墨鱼和鲳鱼等。

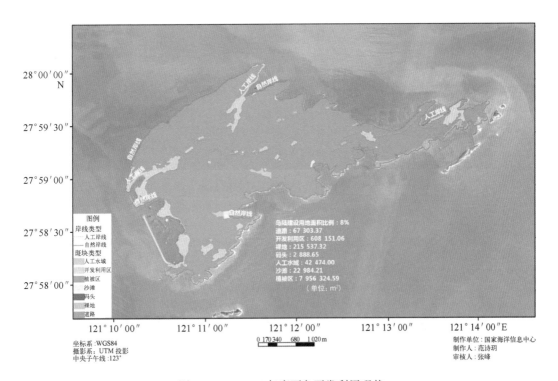

图 9.11-3　2016 年鹿西岛开发利用现状

有关部门已经制定并实施了《鹿西乡总体规划（2008—2020 年）》。鹿西岛充分发挥生态、产业、人文优势，积极发展为现代渔业岛，有洞头区水产品加工、五金电器等乡村工业。其现代渔业经济不断高效发展，2016 年实现渔业经济总产值 3.92 亿元；海岛旅游渐成主流，2016 年全年接待游客约 35 000 人次。鹿西岛医疗保险覆盖率高，岛上实现生活污水及生活垃圾 100% 处理，全岛供电、通信 100% 覆盖；坐落在山坪村总容积为 20 万 m³ 的南山水库是海岛居民生活生产的主要水源。现已铺设 10 kVA 的海底电缆，保证海岛居民生活生产用电；并安装了宽带、有线电视等数据传输设施。鹿西港为主要港口，建有 300 吨级栅栏式防波堤，"一"字形 1 000 吨级滚装码头和 7 座供油站，年供油量达 20 000 多吨。岛上有至温州、洞头、玉环坎门、乐清等的定期班轮。全岛已实现村村通公路，有公共汽车和出租车等交通工具。鹿西岛并网型微网示范工程充分开发利用岛上丰富的风能、太阳能等绿色能源，是国家"863"计划"含分布式电源的微电网关键技术研发"课题的示范工程之一。

图 9.11-4　鹿西岛一号养殖基地

图 9.11-5　鹿西岛的南爿山屿是闻名遐迩的鸟岛

二、生态指数评价

鹿西岛 2016 年生态指数为 87.8，生态状况优。

鹿西岛植被覆盖率高，自然岸线保有率较高，但周边海域水质常年低于国家第四类海水水质标准，导致海岛生态环境分指数得分较低。海岛岛陆建设强度较低，对海岛生态环境的影响较小。鹿西岛制定了单岛规划并已实施，全岛全面实施农村污水治理工程，累计投入 800 余万元，完成全乡 6 个村污水处理设施建设，实现生活污水及垃圾 100% 处理，有利于海岛保护。在资源循环利用方面，实施海岛用电"自给"工程，建成 35 kV 鹿西输变电、鹿西微电网等工程，完成太阳能光伏发电场、风电发电机组与微电网的并网使用。对岛上的自然景观、历史遗迹采取了较为有效的保护措施。2016 年，海岛未发生违法用海、用岛行为，未发生重大生态损害事故。

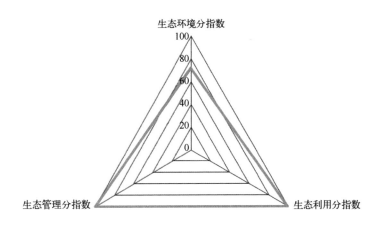

图 9.11-6　鹿西岛生态指数评价

三、发展指数评价

鹿西岛 2016 年发展指数为 83，在评估的 30 个海岛中排名第 16 位。

在经济实力发展方面，鹿西岛的财政收入水平和人均可支配收入水平低于沿海省（自治区、直辖市）单位面积财政收入水平，大力发展新型海水养殖业，实现白龙屿生态牧场、海洋牧场项目落实，逐步做大做强鹿西岛的大黄鱼养殖品牌，经济实力尚可。在海岛生态环境方面，鹿西岛植被覆盖率得分较高，完成 6 个行政村的整村推进和口筐民俗公园建设，扎实推进"绿满鹿岛"工程，建成鹿东沿线"十里花道"、昌鱼礁村及山坪村桃花林。

在社会民生方面，鹿西岛供电、供水等基础设施完备，但陆岛交通方式单一，尚不能完全满足陆岛出行需要，受天气影响显著，对海岛发展不利；社会保障参保率偏低，医疗卫生人员也不足。在文化建设方面，鹿西岛拥有小学 1 所，可满足海岛教育需要，公共文化体育设施面积 50 000 m²，人均拥有量远高于我国平均水平，有"省级体育强乡"的荣誉称号。在社区治理方面，规划管理、村规民约建设及社会治安满意度均表现良好。在海岛品牌建设、资源循环利用及自然和历史人文遗迹保护方面富有成效。综合分析，鹿西岛需提升周边水质和民生服务等方面，其他方面发展良好。

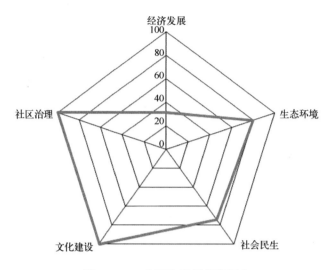

图 9.11-7　鹿西岛发展指数评价

四、综合评价小结

由传统渔业强岛向积极建设现代新型渔业宜居海岛转型，鹿西岛在基础设施条件、特色保护、文化建设、社区治理及环保方面具有较大优势。制约海岛发展的主要因素：一是受上游影响，海岛周边海域水质达标率低；二是陆岛交通方式单一、受天气影响显著，制约陆岛联通；三是社会保障未全面覆盖，医疗卫生人员不足等。

第十二节　大嵛山岛生态指数与发展指数评价

一、海岛概况

大嵛山岛隶属于福建省宁德市福鼎市，位于福鼎东南海域，距离三沙古镇港9.26 km，为闽东第二大岛，是近岸有居民海岛，有 5 个行政村，6 个自然村，2016 年年底，常住人口 3 620 人。大嵛山又名盂山，因湖周围群峰环拱，岛中部凹陷呈盂状，旧称盂山，盂与嵛同音，故名。又因昔时嵛山古木参天，岛上渔民兼营烧炭副业，天湖山下多古炭窑，故别称窑山。

大嵛山岛面积为 21.3 km²，岸线长 31 558 m，其中自然岸线长 22 476.1 m，以基岩海岸为主。大嵛山岛植被覆盖率 96%，拥有丰富的景观资源，岛周围海蚀地貌发育，其岩礁具有很高的审美价值。有金猴观日、千叶岩、海龟礁、石叠礁等众多奇形怪状的岩石景点。山、湖、草、海在大嵛山岛上浓缩。岛上有两个高山湖泊，分称大天湖、小天湖，位于天湖山顶上，大天湖面积 1 000 多亩，小天湖 200 多亩，两湖相隔逾

1 000 m，各有泉眼，常年不竭，水质甜美，清澈见底。湖四周山坡平缓，周围分布着有"南国天山"之誉的万亩草场。由于其地理位置特殊，扼闽浙海路之咽喉，是南来北往船只的必经之道，战略意义重大。

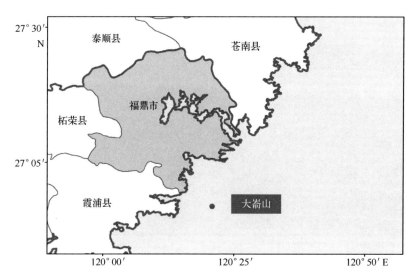

图 9.12-1　大嵛山岛地理位置

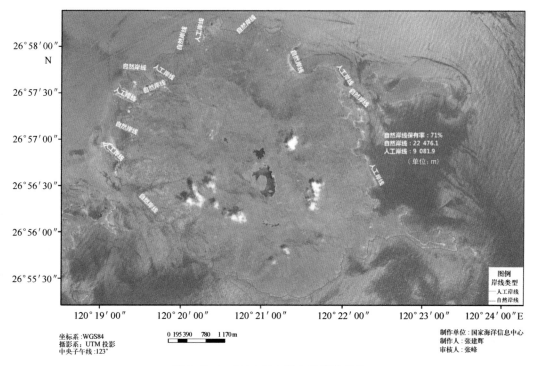

图 9.12-2　2016 年大嵛山岛岸线现状

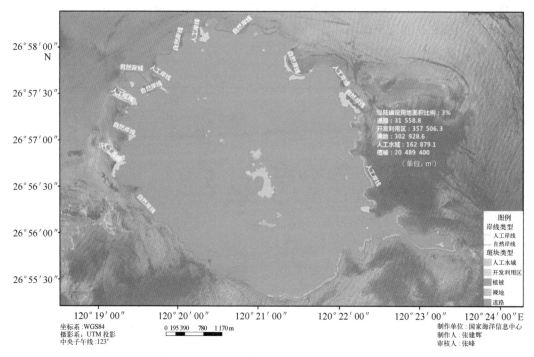

图 9.12-3 2016 年大嵛山岛开发利用现状

有关部门已经制定并实施了《嵛山岛景区详规》①和《嵛山镇总体利用规划（2009—2030）》。大嵛山岛海洋生物资源十分丰富，是闽东最重要的渔场和渔业生产基地。大嵛山岛立足原生态自然景观，始终坚持科学发展规划先行，积极发展宜居宜游型海岛。全岛供电、通信 100% 覆盖，淡水资源非常丰富，还有以淡水形成的瀑布。大嵛山岛上的大天湖和小天湖两个湖泊为岛上居民的主要淡水来源。通过交通班船往返大陆，现有 1 000 吨级交通班船码头，每天公共班船最多 6 个班次。现有小学 1 所，学生 73 人；医院 1 所，卫生所 3 所。养老保险覆盖率为 98%，医疗保险覆盖率为 97%，村规民约建设全覆盖。大嵛山岛沿岸礁石林立，海蚀地貌十分突出，构成奇特的景观，素有"海上明珠"之称，是世界地质公园太姥山风景区四大景观之一，2005 年被《中国国家地理》杂志社评为"中国最美十大海岛"第八名，还拥有"国家级生态乡镇""国家级海洋公园""国家级特色景观旅游名镇"和"福建省十大美丽岛屿"等称号。

大嵛山岛始终把景区生态保护和建设摆在首位，以创建原生态海岛为理念，加强海岛的环境治理，推进海岛生态环境的保护，不断改善岛上生活条件。一是以规划为龙头，保障科学发展，配合编制了《嵛山岛景区详规》和《嵛山镇总体利用规划（2009—2030）》；二是以保护为宗旨，打造生态岛屿，2016 年规划建设了万亩生态林，加强岸

---

① 大嵛山岛、小嵛山岛等岛屿均隶属于嵛山镇，此规划名称是对有关岛屿的并称。

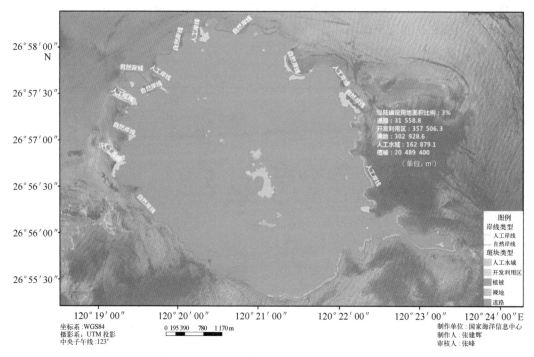（图内文字）

26°58′00″N
26°57′30″
26°57′00″
26°56′30″
26°56′00″
26°55′30″

自然岸线　人工岸线　自然岸线
自然岸线
人工岸线　自然岸线
自然岸线
人工岸线
人工岸线
人工岸线
自然岸线

岛陆建设用地面积比例：3%
道路：31 558.8
开发利用区：357 506.3
裸地：302 928.6
人工水域：162 879.1
植被：20 489 400
（单位：m²）

图例
岸线类型
人工岸线
自然岸线
斑块类型
人工水域
开发利用区
植被
裸地
道路

120°19′00″　120°20′00″　120°21′00″　120°22′00″　120°23′00″　120°24′00″E

坐标系：WGS84
摄影系：UTM 投影
中央子午线：123°
0 195 390　780　1 170 m

制作单位：国家海洋信息中心
制作人：张建辉
审核人：张峰

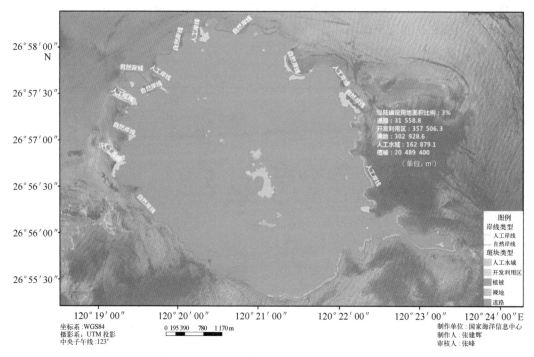（侧边竖排文字）

海岛生态指数和发展指数评价指标体系设计与验证

168

线保护治理，科学处理岛上垃圾，集中无害化焖烧处理；三是以服务为先导，致力改善条件，动工建设了马祖一级渔港项目，完成了芦竹 1 000 吨级陆岛交通码头建设，完成全镇安全饮水项目等；四是以组织为保障，增强发展后劲，专门设立了"嵊山岛景区管理处"，成立了专门的管理队伍，负责做好天湖景区生态保护与利用工作，并加强对历史遗迹与文化的保护开发，对羊鼓尾红色人文遗迹进行了有效保护，追寻红色记忆，宣扬红色文化。

图 9.12-4　大嵊山天湖采茶

图 9.12-5　大嵊山芒垱沙洲

二、生态指数评价

大嵛山岛 2016 年生态指数为 77.2，海岛生态系统较为稳定，总体生态状况良好。

大嵛山岛植被覆盖率、自然岸线保有率和周边海域水质得分较高，海岛生态环境良好。海岛岛陆建设强度较低。作为以旅游为主要发展产业的海岛，其环境保护设施建设尚不能满足需要，垃圾处理率为 70%，污水未处理，对海岛的生态环境产生一定的影响，亟待改进。在海岛生态保护方面，大嵛山岛已经制定了城乡规划并实施，积极开展和推动海岛的生态保护工作；对岛上的自然景观、历史遗迹采取了较为有效的保护措施。2016 年，海岛未发生违法用海、用岛行为，未发生重大生态损害事故。

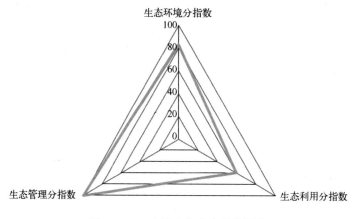

图 9.12-6　大嵛山岛生态指数评价

三、发展指数评价

大嵛山岛 2016 年发展指数为 80.3，在评估的 30 个海岛中排名第 20 位。

在经济实力发展方面，大嵛山岛以旅游产业为主，其地方财政收入远低于沿海省（自治区、直辖市）单位面积财政收入水平，在评估的 30 个海岛中排名第 28 位，人均可支配收入水平中等，在评估的 30 个海岛中排名第 19 位。海岛生态环境保持良好。在海岛生态利用方面，污水处理率和垃圾处理率影响了海岛生态环境得分。社会民生方面，大嵛山岛供电设施完备，供水方面有待完善，防波堤的防御等级能力需提升。陆岛交通方式单一，受天气影响显著，且不能完全满足陆岛出行需要。在文化建设方面，大嵛山岛拥有小学 1 所，可满足海岛教育需要；建有文化体育设施面积 3 500 m²，人均拥有量低于我国平均水平。在社区治理方面，规划管理、村规民约建设及社会治安满意度均表现良好。大嵛山岛重视海岛品牌建设，拥有多个荣誉称号，重视自然和历史人文遗迹的保护。综合分析，大嵛山岛在经济发展、生

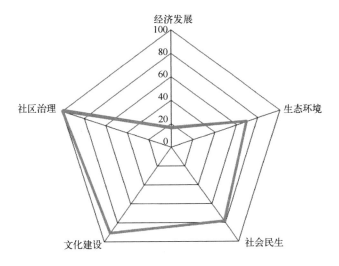

图 9.12-7 大嵛山岛发展指数评价

态环境、基础设施及公共服务能力方面有较大的提升空间，其他方面发展良好。

四、综合评价小结

作为传统上以捕捞业和养殖业为主的海岛，大嵛山岛凭借其丰富的自然资源和生物资源，积极转型发展宜居宜游型海岛。大嵛山岛在生态环境和社会治安方面具有较大的优势，总体而言，开发利用强度较小，但交通基础设施方面尚有较大的提升空间。制约大嵛山岛发展的主要因素：一是海岛污水处理和垃圾处理设施尚不能满足日益增长的游客量的需要；二是陆岛交通方式单一、受大风大雾天气影响显著，制约出行；三是医疗文化体育设施需继续加强。

第十三节　琅岐岛生态指数与发展指数评价

一、海岛概况

琅岐岛隶属于福建省福州市马尾区，是近岸海岛，南面有琅岐闽江大桥与长乐市相连，素称"闽江口的明珠"，岛东西长 15.3 km，南北宽 8.1 km，相当于香港本岛面积，为福建省第四大岛。琅岐岛是有居民海岛，常住人口 81 100 人。古称琅琦岛、琅琦山、嘉登岛，因刘姓人家较早迁居岛上，俗称刘岐。

琅岐岛面积为 125 km²，岸线类型主要为砂砾质岸线和基岩岸线两类，岸线长44 649.1 m，其中自然岸线长 3 451.9 m。琅岐岛植被覆盖率 14.7%。该岛拥有丰富的山海景观资源，白云山观日位佳，鼓尾山风景宜人，古朴树林参天蔽日，古榕树

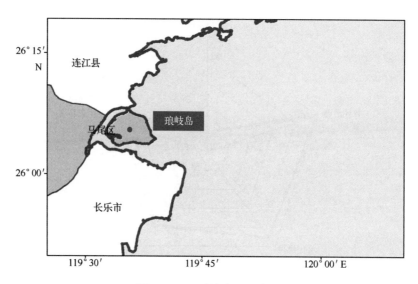

图 9.13-1　琅岐岛地理位置

盘根错节。盛夏季节，成群的海鸥、野鸭、白鹭等在此栖息。每当农历八月十五天文大潮，砚池湖畔"海堤观潮"也成为吸引游客的一景。

　　有关部门已经制定了《福州市海岛保护和利用规划（2013—2020 年）》。琅岐岛作为传统的农业区，是省级蔬菜副食品基地，为海峡两岸（福州）农业合作实验区琅岐示范区。农业以种植业、养殖业、畜牧业和加工业为主。拟规划建设成为以生态旅游度假、健康养生、智慧创意、休闲宜居等综合服务为主体的国际生态旅游岛。琅岐岛 2016 年地方财政收入 4 834 万元，实现生活垃圾和污水 100% 处理，全岛供电、通信 100% 覆盖，宽带网络已普及。全岛有医院 1 所，卫生所 31 所，养老保险覆盖率 99.72%，医疗保险覆盖率 99%，建有影剧院、文化中心站、文技校、退休老干部活动中心、"老人之家"、敬老院、业余闽剧团、十番乐队及管弦乐队等，群众文化生活丰富。岛上通过过江引水，有日供水万吨的自来水厂 1 家，自来水供水站 7 个，小型水库 5 座。岛南面建有福州琅岐闽江大桥及接线公路，进出岛公交车单日最多班次 36 班；岛西部新道建有 300 吨级轮渡滚装码头，公共班船单日最多班次 24 班，往返大陆，交通便利。1993 年，福建省人民政府批准其为高优农业示范区；1997 年，国家农业部、外经贸部和国务院台湾事务办公室联合批准琅岐岛为海峡两岸（福州）农业合作实验区琅岐示范区；1999 年，福建省人民政府批准成立福州市琅岐经济区；2000 年，福州市琅岐经济区正式挂牌成立，下辖琅岐镇和旅游度假区。琅岐岛早在南北朝时就有人烟，岛上人文荟萃，名胜古迹众多。肩头戏是琅岐岛上一朵绽开的民间艺术之花，它是融高跷、闽剧、杂技、尺唱于一体的戏种，已有 200多年的历史。

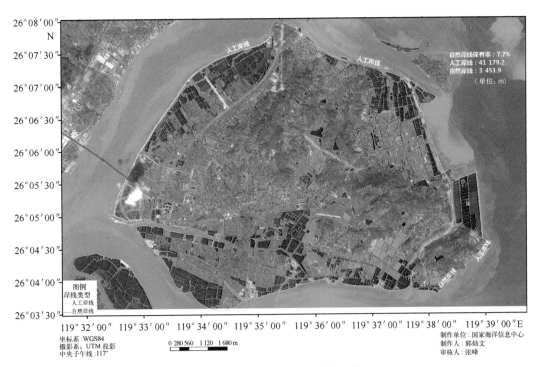

图 9.13-2　2016 年琅岐岛岸线现状

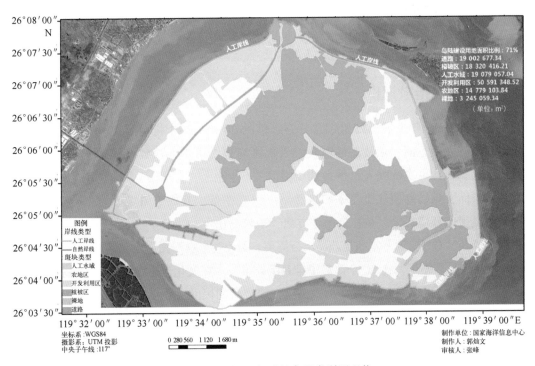

图 9.13-3　2016 年琅岐岛开发利用现状

二、生态指数评价

琅岐岛 2016 年生态指标值为 48.8，海岛生态系统稳定性较差，总体生态状况差。

琅岐岛植被覆盖率、自然岸线保有率和周边海域水质得分均较低，需要进一步改善。在生态利用方面，海岛岛陆建设强度较大，污水及垃圾处理等环境治理方面表现良好，处理率均为 100%。在海岛的生态保护方面，已经制定了《福州市海岛保护和利用规划（2013—2020 年）》并实施，积极开展和推进琅岐岛的生态保护；对岛上的历史遗迹已采取较为有效的保护措施。2016 年，未发生违法用海、用岛行为，未发生重大生态损害事故。

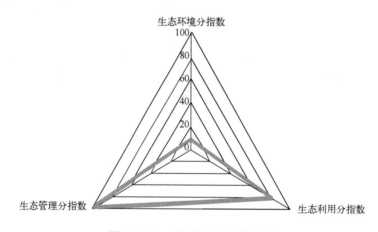

图 9.13-4　琅岐岛生态指数评价

三、发展指数评价

琅岐岛 2016 年发展指数为 61.6，在评估的 30 个海岛中排名第 29 位。

在经济发展方面，琅岐岛的财政收入水平尚可，由于人口数量较多，其单位面积财政收入和人均可支配收入水平远低于沿海省（自治区、直辖市）平均水平。在海岛生态环境方面，琅岐岛植被覆盖率和自然岸线保有率低，其周边海域水质得分为零，影响了海岛生态环境得分。在社会民生方面，琅岐岛供电、供水等基础设施完备，防灾减灾设施较好，对外交通基本满足陆岛出行需要，受天气影响不大；社会保障参保率高，但医疗卫生人员数不足，在 30 个海岛中排名倒数第一。在文化建设方面，琅岐岛拥有小学 15 所、中学 4 所，可满足海岛教育的需求，琅岐岛的民间文化丰富多彩，公共文化体育设施面积为 26 696 m²，但人均拥有量低于我国平均水平。规划管理、村规民约建设及社会治安满意度均表现良好。综合分析，琅岐岛在基础条件设施、民生服务和社区治理方面发展良好，在海岛生态保护、医疗卫生人员、人均公共文化体育设施面积及海岛品牌建设方面均有待加强，名胜古迹多，需进一步加强对自然和历史人文遗迹的保护和重视。

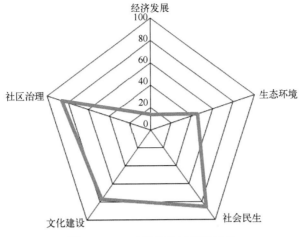

图 9.13-5 琅岐岛发展指数评价

四、综合评价小结

琅岐岛作为传统的农业区，拥有旖旎的田园风光特色，山海景观资源丰富，现今积极打造现代化和国际化的旅游休闲度假海岛。琅岐岛开发建设早，经济发展效益尚可，但生态环境是短板。制约其旅游发展的主要因素是其植被覆盖率低，自然岸线保有率低，周边海域水质差，医疗文化体育设施需继续加强。因此，需要提高琅岐岛的植被覆盖率，严格控制海岛的开发建设强度，采取有效措施治理周边海域水质。

第十四节 平潭大屿生态指数评价

一、海岛概况

平潭大屿隶属于福建省平潭综合试验区，位于平潭海坛海峡中段东侧、平潭海峡大桥南侧。海岛形成之初为东、西两部分，中间有连岛沙坝，地理位置优越，属于无居民海岛。因面积比邻近诸岛屿大而得名，又因其位于平潭，故名平潭大屿。

平潭大屿面积为 0.2 km²，海岸以基岩-砂砾质为主，岸线长 2 453.4 m，全为自然岸线，无人工岸线。东北面海岸较为陡峭，海蚀地貌发育奇特，沙滩资源丰富，约占全岛总面积的 30%，植被覆盖率 49.6%。岛上已发现野生数量超过 500 株的国家二级保护植物珊瑚菜。

有关部门已经制定并实施《平潭大屿海岛保护和利用规划》。该岛已被列为福建省无居民海岛开发利用生态示范岛，主要围绕科学研究、观测保障等中心内容开展省级海岛生态保护监测示范基地建设，属公益性服务用岛。2016 年，平潭大屿保护与开发利用被列入中央海域使用金支持项目。利用蓝色海湾整治行动实施生态岛礁开发建设项目，形成北有平潭大屿、南有龙海破灶屿的省级海岛生态保护监测示范格局。目前，建有一临时码头可供载车渡轮停靠，已实施部分环岛路工程及新能源工程，正在建设海洋观测系统、海岛监视监测系统、海水淡化系统、雨洪收集系统及海漂垃圾收集装置试验工程等。

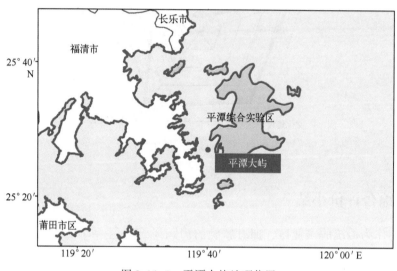

图 9.14-1　平潭大屿地理位置

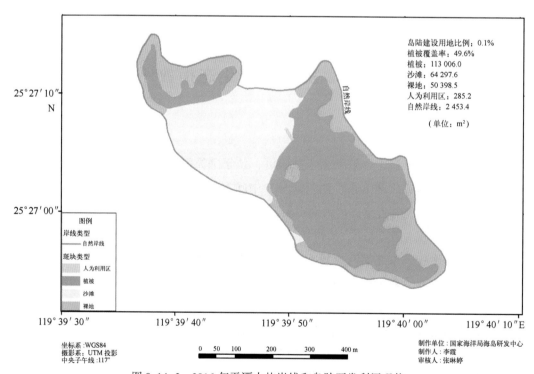

图 9.14-2　2016 年平潭大屿岸线和岛陆开发利用现状

海岛生态指数和发展指数评价指标体系设计与验证

176

平潭大屿以科技示范岛为发展理念，积极探索绿色、环保、低碳、节能的海岛开发与保护模式，寻找海岛生态保护与开发利用建设的平衡点，引导新能源、新材料、新技术在海岛开发、经济社会建设中的应用，形成可复制、可推广、可示范的"试验田"。一是开发建设一套可搭载潮位、水质监测设备的综合实验平台，并配备自动投饵系统和水上水下监控系统，开展整体水动力试验、渔业物联网研究和海上休闲服务研究等；二是通过在平潭大屿周边海域布置海漂垃圾收集装置，实现对岸边垃圾的拦截，并将其收集到海上垃圾桶。

图 9.14-3　平潭大屿的自然风光

图 9.14-4　平潭大屿海漂垃圾收集装置试验工程示意

二、生态指数评价

平潭大屿 2016 年生态指数为 97.9，生态状况优。

平潭大屿植被覆盖率较高，自然岸线保有率和周边海域水质得分较高。海岛生态环境分指数得分高，海岛生态系统稳定。已经制定了单岛规划并正在实施，有利于海岛保护。在海岛开发实施过程中，选用裸地和地被贫瘠的区域进行构筑物的建设，将对原生植被的破坏降到最低，较好地保持原始自然状态。在海岛生态环境方面，针对正在逐渐被侵蚀的沙滩采取修复措施，自然岸线保有率高。在海岛生态保护方面，在发现国家二级保护植物珊瑚菜的第一时间，初步采用圈围措施加以保护并立牌做科普教育。平潭大屿是目前发现的珊瑚菜数量最多、群落面积最大的海岛，已经采取了就地保护和迁地保护等有效保护措施。2016 年，海岛未发生违法用海、用岛行为，未发生重大生态损害事故。

总体来说，平潭大屿目前虽处于开发中，但能较好地保持原始自然状态，生态状况优，但在开发建设过程中需对鸟类及其栖息地加强保护。

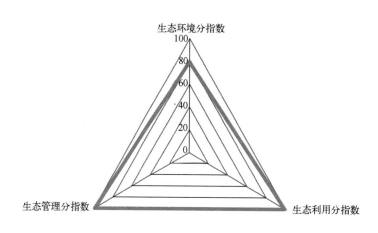

图 9.14-5　平潭大屿生态指数评价

第十五节　东庠岛生态指数与发展指数评价

一、海岛概况

东庠岛隶属于福建省平潭综合实验区，东面与北面濒临台湾海峡，西南与小庠岛对峙，南与流水镇的王爷山遥遥相望，是有居民海岛，常住人口 4 000 人。曾用名大庠，因位于海坛岛东北部，如海上屏障，当地俗称东墙，雅化成今名。

东庠岛面积为 4.5 km²，岸线类型主要为基岩岸线，岸线长 26 367.3 m，其中人工岸线长 3 913.5 m，自然岸线长 22 453.8 m。东庠岛植被覆盖率 64.8%，全岛由火山岩组成，特产有锯缘青蟹、虾皮、丁香鱼和紫菜等。

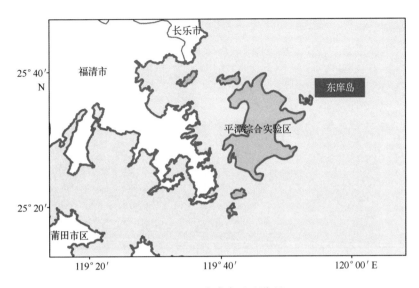

图 9.15-1　东庠岛地理位置

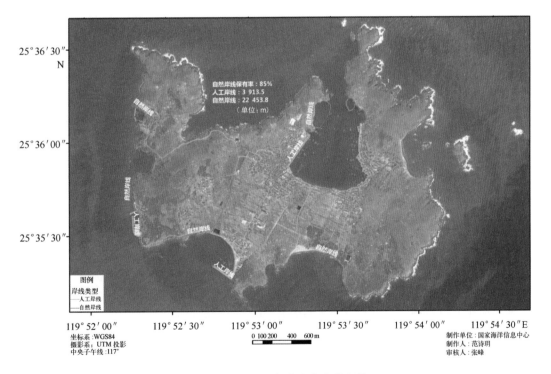

图 9.15-2　2016 年东庠岛岸线现状

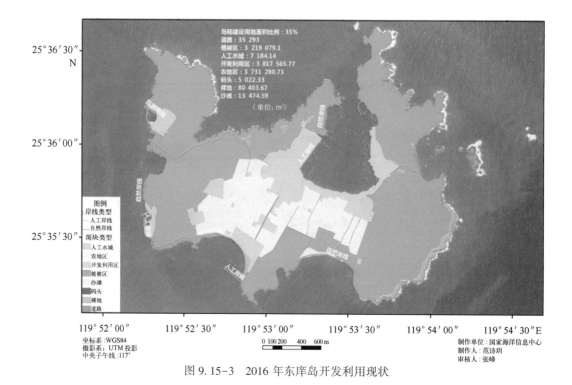

图 9.15-3　2016 年东庠岛开发利用现状

图 9.15-4　东庠岛特色石头厝

　　海岛尚未有单岛规划或城乡规划，目前《平潭综合实验区总体规划（2010—2030）》将东庠岛的发展定位为海洋牧场。东庠岛实现生活垃圾 100% 处理，岛上有污水处理厂，实现生活污水 100% 处理。全岛供电、通信 100% 覆盖；岛上局部山脉有天然水系，但无天然河流。有淡水资源，居民用水主要通过水井供应。东庠岛水质良好，透明的海水、保存完好的古石厝、洁净绵长的南模澳沙滩，堪称一片净土。平潭县东庠渔场驻此，有南江、东庠门码头。每天最多有 8 班轮船往返，单船平均运力 200 人；

岛上有公交车往返乡村和码头。

二、生态指数评价

东庠岛 2016 年生态指数为 81.8，生态状况优。

在生态环境方面，东庠岛植被覆盖率较高，为 64.76%，自然岸线保有率高，为 84.00%，周边海域水质情况良好，均达到或超过国家第二类海水水质标准。生态利用方面，岛陆建设用地强度较低，主要用地为居民建筑用地。东庠岛上无工业，渔业和海运业是其主导产业。岛上有污水处理设施，实现污水和垃圾 100% 处理。在生态管理方面，东庠岛目前尚未出台相关的管理规划，生态保护和开发利用需加强规划引导。2016 年，海岛未发生违法用海、用岛行为，未发生重大生态损害事故。

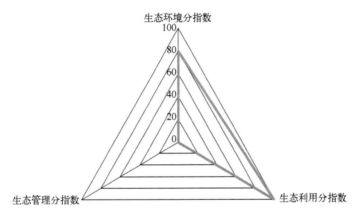

图 9.15-5　东庠岛生态指数评价

三、发展指数评价

东庠岛 2016 年发展指数为 69.3，在评估的 30 个海岛中排名第 27 位。

在经济发展方面，东庠岛单位面积财政收入和居民人均可支配收入均较低，经济发展水平一般。生态环境方面，东庠岛植被覆盖率高，自然岸线保有率高，周边海水水质良好，开发利用过程中注重对岛上原生态的保护。岛陆建设用地面积指标值为100，东庠岛环境压力总体上较小，开发利用强度较低。社会民生方面，东庠岛的基础设施整体建设较好，但岛上防灾减灾设施和对外交通条件尚需完善。公共服务能力方面总体较好，但岛上医疗卫生服务待完善。东庠岛在文化建设方面较好，但社区治理较差，缺少科学的规划管理是东庠岛发展指数提升的限制因素。东庠岛的特色石头厝在海岛品牌建设方面具有较大潜力。

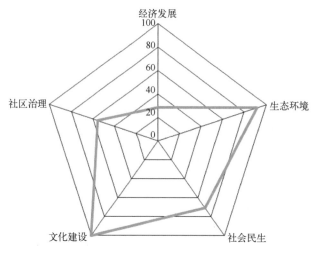

图 9.15-6 东庠岛发展指数评价

四、综合评价小结

东庠岛的生态指数为优,发展指数得分处于较低水平。东庠岛离大陆相对较远,海岛开发利用强度低,环境压力小,海岛植被覆盖率、自然岸线保有率和周边水质都保持了较好的原生状态,加上岛上 100% 的污水处理率和 100% 的生活垃圾处理率,对环境的污染和破坏降至最低。东庠岛发展指数较低,受限于对外交通条件,岛上主要产业发展尚需加强。同时,基础设施尚需完善以及缺乏相关科学规划管理等,都是东庠岛发展中需要解决的问题。

第十六节 南日岛生态指数与发展指数评价

一、海岛概况

南日岛隶属于福建省莆田市,是近岸岛,北邻福清市的野马屿,东北是平潭的塘屿,东面兴化湾,处于平海湾和兴化湾交汇处,为南日群岛的主岛,福建省第三大岛,莆田市第一大岛,与湄洲岛并称姐妹岛。南日岛是有居民海岛,常住人口 63 796 人。

南日岛面积为 46.3 km²,岸线类型主要为基岩岸线,岸线长 68 204.7 m,其中人工岸线长 57 277 m,自然海岸长 10 927.7 m,植被覆盖率 23.1 %。南日岛山海兼优,资源丰富。天然避风港有 25 处,20 m 等深线可开发利用的浅海面积达 5.9 万亩,盛产鲍鱼、石斑鱼、龙虾、鳗鱼、黄瓜鱼、蟹和红毛藻等 100 多种水产品,其中南日鲍鱼产区为中国鲍鱼主产区之一。

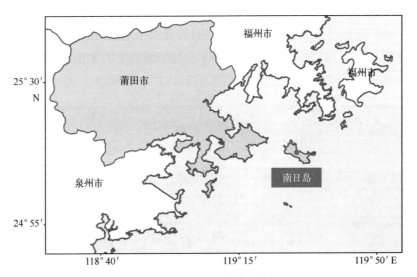

图 9.16-1 南日岛地理位置

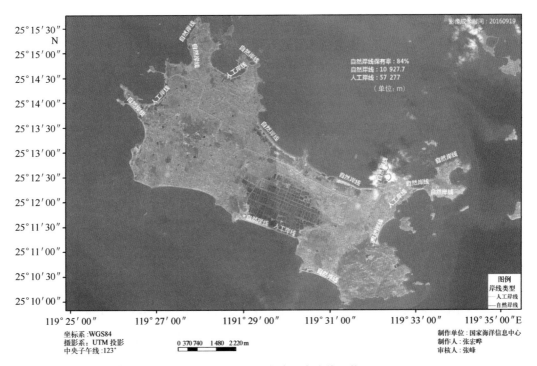

图 9.16-2 2016 年南日岛岸线现状

有关部门已经制定了《南日镇总体规划(2012—2030 年)》。南日岛乡充分发挥生态、产业、人文优势,城镇性质定位为国家级海洋牧场、省级海洋经济综合开发实验区、海峡西岸滨海旅游名镇。南日岛通过海底电缆输变电工程进行岛上供电,通信100% 覆盖;有天然淡水资源,居民自来水主要通过跨海供水工程输送,通过集中净水设备，保障饮用水水质。通过交通班船往返大陆，班船单日最多 8 班次，单船平均运力 100 人。南日岛建有烈士纪念碑，纪念当时为保卫该岛而英勇牺牲的中国人民解放军战士。碑座的碑文记述两个战役的全过程，生动地再现了当年战士们视死如归、浴

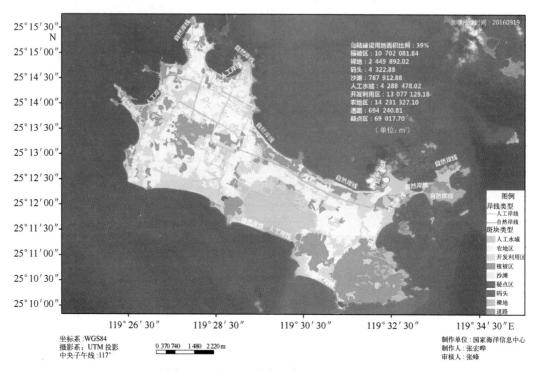

图 9.16-3　2016 年南日岛开发利用现状

二、生态指数评价

南日岛 2016 年生态指数为 65.1，生态状况为良。

生态环境方面，南日岛植被覆盖率较低，为 23.1%，自然岸线保有率较高，为 84.0%。周边海域水质情况较好，指标分值为 100，均达到国家第二类海水水质标准以上。生态利用方面，南日岛尚没有污水处理设施。岛陆建设强度指标值为 81，建设强度较低，环境压力较小。生态保护方面，已经制定了《南日镇总体规划》并实施，有利于海岛保护。2016 年，海岛未发生违法用海、用岛行为，未发生重大生态损害事故。

三、发展指数评价

南日岛 2016 年发展指数为 74.2，在评估的 30 个海岛中排名第 24 位。

在经济发展方面，南日岛单位面积财政收入较低，岛上主要产业为养殖业，受自然灾害影响较大，岛上养殖业存在一定风险，一定程度上限制了南日岛的发展。生态

环境方面，南日岛植被覆盖率低，自然岸线保有率较高，周边海水水质良好，开发利用过程中应注重岛上植被的保护与恢复。岛陆建设用地面积指标值为81，总体开发利用强度较低。社会民生方面，南日岛的基础设施建设较好，对外交通条件虽基本能满足岛上居民出行，但易受潮汐、大风、大雾等的影响。公共服务能力方面总体较好，但岛上医疗卫生服务有待完善。南日岛在文化建设和社区治理方面建设较好，在公共文化体育设施方面的建设有待提高。依托悠久的养殖历史和较为成熟的鲍鱼养殖技术，南日鲍鱼获得"中国驰名商标"称号。

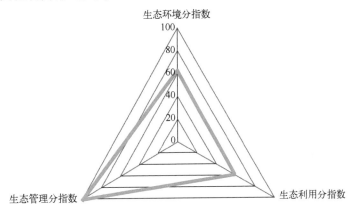

图 9.16-4　南日岛生态指数评价

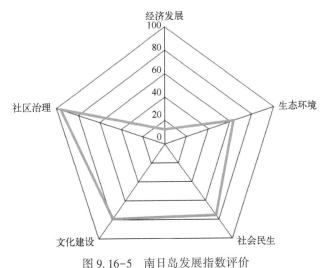

图 9.16-5　南日岛发展指数评价

四、综合评价小结

南日岛距离大陆较远，岛上风大，受风暴潮等影响较为显著，植被覆盖率较低，同时岛上污水处理率低，总体上影响了南日岛生态指数水平。制约南日岛发展的主要因素是对外交通条件受限、岛上经济发展水平较低，基础设施也需完善等。

第十七节 湄洲岛生态指数与发展指数评价

一、海岛概况

湄洲岛隶属于福建省莆田市秀屿区，地处台湾海峡西岸中部、交通运输部确定的全国四大国际中转港之一的湄洲湾港的北部，是有居民海岛。该岛设国家旅游度假区管理委员会，辖 1 个镇 11 个行政村，常住人口 32 194 人。

湄洲岛面积为 14.4 km²，岸线类型主要为基岩岸线，岸线长 38 977.2 m，其中人工岸线长 7 248.3 m，自然岸线长 31 728.9 m。湄洲岛植被覆盖率 28.4%。2013—2015 年完成红树林生态修复 40 亩。

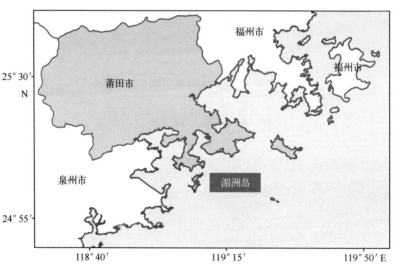

图 9.17-1 湄洲岛地理位置

湄洲岛已经制定了《湄洲岛总体规划(2008—2030 年)》及《湄洲岛风景名胜区总体规划(2010—2030 年)》。湄洲岛是妈祖故乡和妈祖文化发祥地，主要以旅游业、海洋渔业和种植业为主，素有"南国蓬莱"美称。每年农历三月二十三妈祖诞辰日和九月初九妈祖升天日期间，朝圣旅游盛况空前，被誉为"东方麦加"。2006 年，中国文化部报请国务院先后批准《湄洲妈祖祭典》、湄洲妈祖祖庙分别为首批国家级非物质文化遗产和全国重点文物保护单位；2010 年，湄洲岛被福建省人民政府列为湄洲妈祖文化生态保护实验区，2012 年被列入国家 4A 级旅游景区。湄洲岛已建有交通、通信、跨海供水、供电等一批事关长远发展的重点骨干项目，酒店、娱乐中心、海滨浴场等旅游服务接待设施 30 多项。湄洲岛实现生活垃圾 100% 处理，全岛供电、通信 100% 覆盖；有淡水资源，饮用水主要为跨海供水，由供水公司集中净化消毒、检测，保障饮用水水质。

海岛生态指数和发展指数评价指标体系设计与验证

湄洲岛进出岛通过交通班船往返大陆,现有可靠泊 3 000 吨级客轮的码头。岛上公共班船单日最多 134 班次,单船平均运力 300 人。

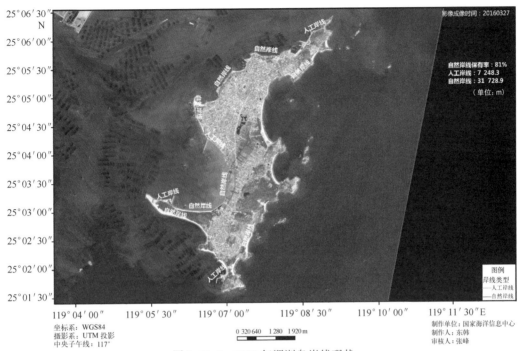

图 9.17-2　2016 年湄洲岛岸线现状

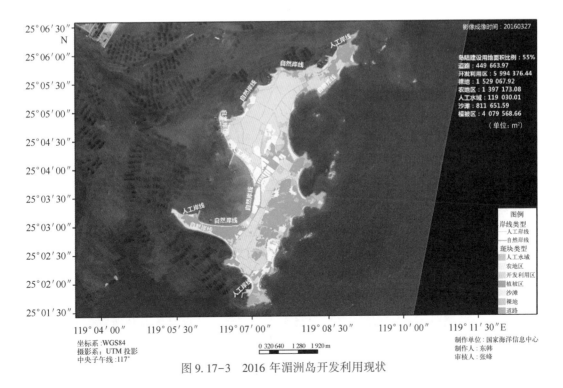

图 9.17-3　2016 年湄洲岛开发利用现状

二、生态指数评价

湄洲岛 2016 年生态指数评价为 67.1，生态状况良。

生态环境方面，湄洲岛植被覆盖率较低，为 28.4%；自然岸线保有率较高，为 81.4%。周边海域水质得分较低，指标分值为 33。海岛生态环境分指数得分中等。生态利用方面，岛陆建设强度在评价的 40 个海岛中处于中等水平，污水处理率仅为 10%，岛上污水处理设施待完善。生态管理方面，已经制定了《湄洲岛总体规划（2008—2030 年）》并实施，有利于海岛保护。湄洲岛国家级海洋公园对于维护保护区内的湿地、沙滩和滩涂，保护生物多样性、提升区域内景观生态安全和生态服务功能具有重要意义。2016 年，海岛未发生违法用海、用岛行为，未发生重大生态损害事故。

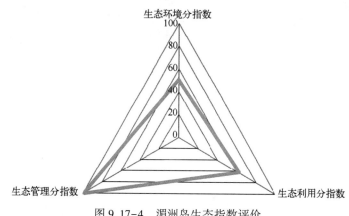

图 9.17-4　湄洲岛生态指数评价

三、发展指数评价

湄洲岛 2016 年发展指数为 86.5，在评估的 30 个海岛中排名第 13 位。

在经济发展方面，湄洲岛单位面积财政收入在评估的 30 个海岛中处于中等水平。在生态环境方面，湄洲岛植被覆盖率低，自然岸线保有率较高，周边海水水质季节差异较大，春季、夏季总体水质高于秋季、冬季。岛上生活污水处理率仅为 10%，亟待改善。岛陆建设用地面积指标值为 75，开发利用强度总体较低。社会民生方面，湄洲岛的基础设施建设较好。公共服务能力方面，岛上医疗卫生和社会保障力量还需加强。

四、综合评价小结

总体上，湄洲岛生态环境一般，但海水水质和污水处理设施有待改善。制约湄洲岛发展的主要因素是对外交通受限，医疗卫生保障和防灾减灾设施等方面需提升，旅游业规模效应还未充分发挥，需进一步挖掘文化、景观等优势资源，提高居民收入。

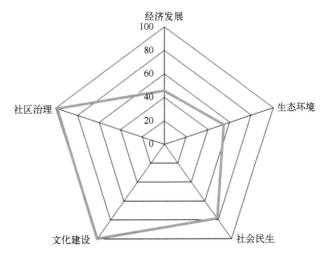

图 9.17-5　湄洲岛发展指数评价

第十八节　海沧大屿生态指数评价

一、海岛概况

海沧大屿隶属于福建省厦门市，位于厦门西港南部，距厦门岛 1.9 km，距鼓浪屿 1.1 km，是无居民海岛。1995 年，福建省人民政府批准成立厦门大屿岛白鹭自然保护区，2000 年 4 月与厦门文昌鱼自然保护区、中华白海豚自然保护区组合建立"厦门珍稀海洋物种国家级自然保护区"。

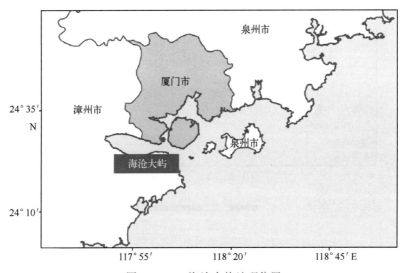

图 9.18-1　海沧大屿地理位置

海沧大屿面积为 0.19 km²，岸线类型主要为砂砾质岸线和基岩岸线两类，岸线长 2 592.2 m，自然岸线长 2 329.9 m，人工岸线长 262.3 m。海沧大屿植被覆盖率 93.8%。白鹭是世界珍稀、最具魅力的海滨观赏鸟类，是湿地环境好坏的重要指示生物。厦门自古别称"鹭岛"，是世界白鹭的重要栖息和繁殖地，是黄嘴白鹭(又称中国白鹭、唐白鹭)的模式种产地，在动物分类学和动物区系学上具有重要意义。

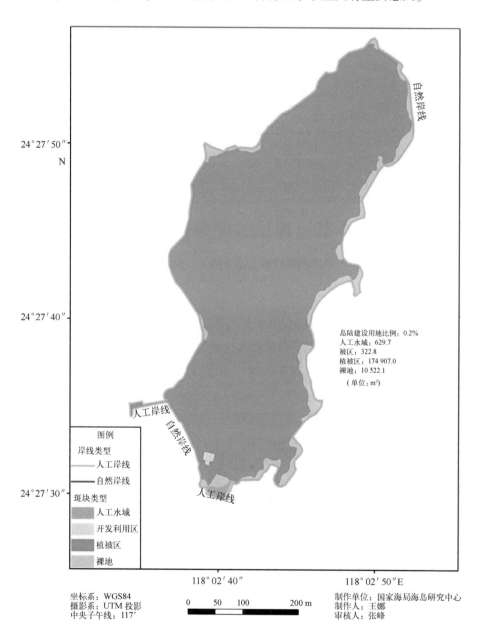

图 9.18-2　2016 年海沧大屿岸线和岛陆开发利用现状

有关部门已经制定并实施了《厦门市无居民海岛保护与利用规划》及《厦门珍稀海洋物种国家级自然保护区总体规划》，将海沧大屿定位为特殊保护海岛。目前，海沧大屿建有管理房 2 处，灯标 2 座，山顶观鸟亭 1 座，石砌小码头 1 个，有管理员 1 名，岛西南端建有鸟类救护场。海岛仅靠一口淡水井，丰水季节由水泵将水引至管理房，枯水季节则由船只将淡水运至岛上；岛上设太阳能电池板，仅供管理房使用。

图 9.18-3　海沧大屿在白鹭繁殖期间严禁闲人入内

二、生态指数评价

海沧大屿 2016 年生态指数为 104.7，海岛生态系统稳定，总体生态状况优，是我国保护区管理的典范。

海沧大屿植被覆盖率、自然岸线保有率和周边海域水质得分较高，海岛生态环境保持良好。海沧大屿位于厦门珍稀海洋物种国家级自然保护区的核心区，既是滨海湿地的重要组成部分，也是湿地鸟类的重要栖息地，还是开展国家二级保护动物黄嘴白鹭相关监测研究的基地。在海岛生态保护方面，一是以植被生态保护为主，周边设禁渔区（禁止捕捞、垂钓等活动），严格保护海岛作为西港海域生态恢复基点的作用；二是厦门市海洋综合行政执法支队定期巡查海域，保护海岛不受船只、游人干扰；三是岛上严格执行保护管理规定，植被、生态系统和航标等受到了较好的保护；四是在岛的西侧生长着少量的原生红树林和人工种植的红树林。2016 年，海岛未发生违法用海、用岛行为，未发生重大生态损害事故。

总体来说，海沧大屿基本保持原始自然状态，生态环境状况良好。但由于海沧大屿位于厦门港货轮及客轮往来的航线附近，受船舶波浪冲击影响，占整岛 83% 的砂砾质海岸存在着一定的侵蚀现象，对海岛稳定性有潜在的威胁。下一步应加强岸线稳定性监测、评估，必要时予以修复。

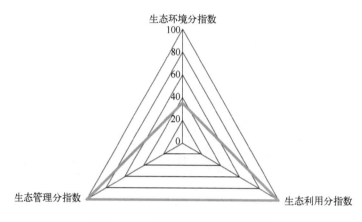

图 9.18-4　海沧大屿生态指数评价

第十章

南海区海岛生态指数与发展指数评价专题报告

第一节　施公寮岛生态指数与发展指数评价

一、海岛概况

施公寮岛隶属于广东省汕尾市城区，是汕尾市碣石湾内的沿岸海岛，为有居民海岛，户籍人口 4 280 人，常住人口 900 人。相传清乾隆五十年(1785 年)，因前施氏在岛上的塔寮居住而得名。

施公寮岛面积为 8.2 km²，岸线类型主要为基岩岸线，岸线长 24 650.8 m，其中自然岸线长 14 081.8 m，人工岸线长 10 569.1 m。施公寮岛植被覆盖率 68.1%。施公寮

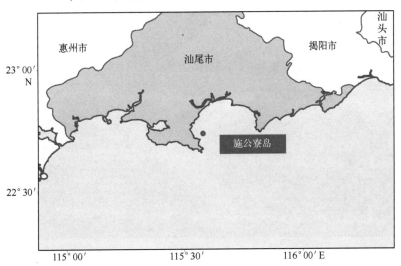

图 10.1-1　施公寮岛地理位置

岛村西北有清顺治年间(1644—1661 年)苏成和苏利抗清兵营遗址，北有炮台，岛上还有妈祖庙。

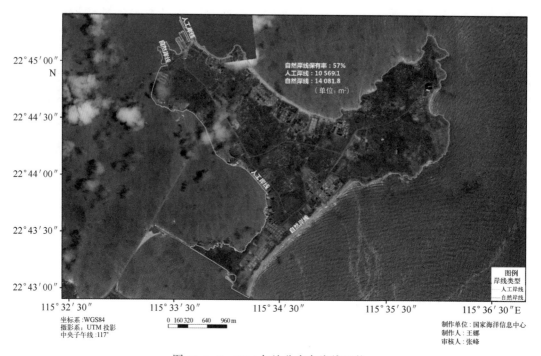

图 10.1-2　2016 年施公寮岛岸线现状

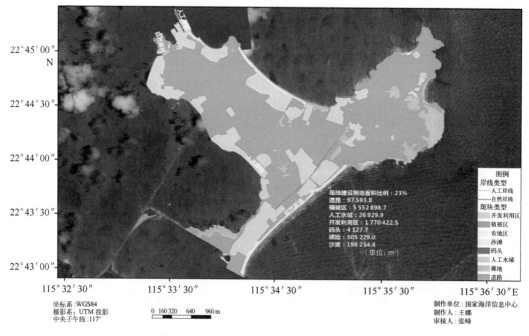

图 10.1-3　2016 年施公寮岛开发利用现状

2016 年，施公寮岛实现地方财政收入 32 万元，居民人均可支配收入为 8 000 元。实现生活垃圾 90% 处理；实现集中无限时供水、供电。施公寮岛有道路同大陆相连，道路交通良好，能够满足对外交通需要。岛上有 1 所卫生所，配有执业医师 1 人，医护人员 1 人。养老保险覆盖率 70%，医疗保险覆盖率 96%。有 1 所小学，开设班级 6 个，学生 95 人；公共文化体育设施面积 600 m²。村规民约仅覆盖 2 个行政村，没有警务机构。岛上建有 1 处风力发电场。

图 10.1-4　施公寮岛连岛公路(左)和风力发电(右)

二、生态指数评价

2016 年施公寮岛生态指数为 59.4，生态状况评级结果为中。

施公寮岛植被覆盖率相对较高，周边海域水质较好；海岛岛陆建设强度相对较低，但自然岸线保有率偏低；未实现垃圾 100% 处理，没有污水处理设施，对海岛及周边海域生态环境造成一定影响。海岛未制定相关规划。2016 年，海岛未发生违法用海、用岛行为，未发生重大生态损害事故。

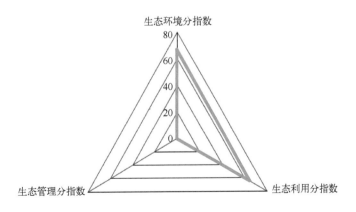

图 10.1-5　施公寮岛生态指数评价

三、发展指数评价

施公寮岛 2016 年发展指数为 53，在评估的 30 个海岛中排名第 30 位。

施公寮岛单位面积财政收入低，居民人均可支配收入较低，经济发展分指数得分低，海岛经济发展实力弱。海岛自然岸线保有率较低，海岛岛陆建设强度相对较低，海岛周边海域水质达标率较高，污水未进行处理，未实现垃圾 100% 处理，生态环境分指数得分处于中等水平。施公寮岛防灾减灾能力弱，每千名常住人口的公共卫生人员数较少，社会民生指数得分较低。海岛教育设施齐全，小学数量符合国家标准，满足海岛基础教育需求，人均拥有公共文化体育设施面积排名处于中等水平，文化建设指数得分较低。施公寮岛未制定相关规划，村规民约覆盖全部行政村，未设置警务机构，社区治理分指数得分较低。2016 年，海岛未发生刑事案件、重大污染事故、生态损害事故和安全事故等。

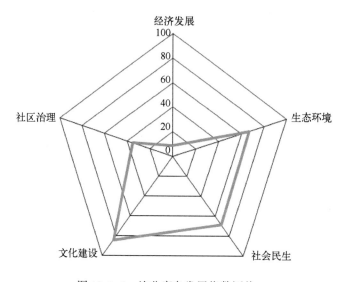

图 10.1-6　施公寮岛发展指数评价

四、综合评价小结

施公寮岛生态指数得分处于中等水平，发展指数得分低，反映出施公寮岛生态环境整体状况一般，综合发展水平较差。海岛经济基础薄弱、环境治理能力亟待提高、基础设施不完善、社区治理需提高是制约海岛发展的重要因素。

第二节 大万山岛生态指数与发展指数评价

一、海岛概况

大万山岛隶属于广东省珠海市香洲区,是珠江口附近的远岸海岛,是国家级生态示范镇、全国特色景观旅游名镇名村、广东省卫生镇、广东省生态乡镇和广东省宜居示范城镇,被评为"广东省十大美丽海岸"之一。为有居民海岛,户籍人口610人,常住人口1 020人。因第一个上岛的人姓万,故称此岛为老万山,渔民习惯上只称万山或者万山岛,1949年后,为了和诸岛区分而改名为大万山岛。

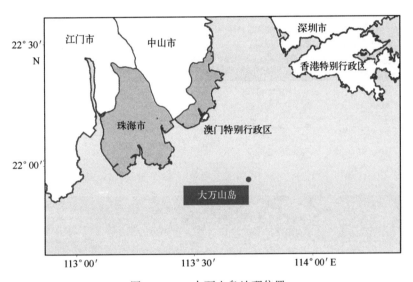

图10.2-1 大万山岛地理位置

大万山岛面积为8.2 km²,岸线类型主要为基岩岸线和沙泥质岸线两类,岸线长19 032 m,其中自然岸线长16 001.4 m,人工岸线长3 030.6 m。大万山岛植被覆盖率93.8%。大万山岛有保存完好的海岛第四纪冰川遗痕、被称为"亚洲奇观"的浮石湾和建于1822年的天后宫等自然和人文景观资源。

大万山岛是珠海万山海洋开发试验区政府所在地,遵循科学规划、保护优先、生态立岛、合理开发的原则,2016年实现地方财政收入5 144万元,居民人均可支配收入达17 872元。实现生活垃圾100%处理,污水处理率60%;实现集中无限时供水、供电;有防潮堤120 m。公共班船单日最多3班次,单船平均运力260人,班船进出港不受潮汐影响。岛上有1所医院,执业医师6人。养老保险覆盖率达100%,医疗保险覆盖率达100%。岛上有1所小学,班级6个,学生56人;公共文化体育设施面积620 m²。岛上设有珠海市公安局万山派出所;村规民约全覆盖。岛上

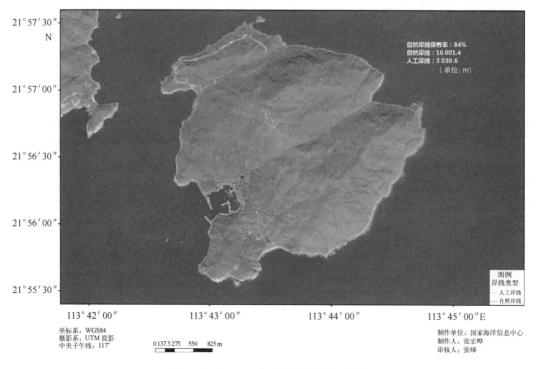

坐标系：WGS84
投影：UTM 投影
中央子午线：117°

0 137.5 275　550　825 m

制作单位：国家海洋信息中心
制作人：张宏晔
审核人：张峰

图 10.2-2　2016 年大万山岛岸线现状

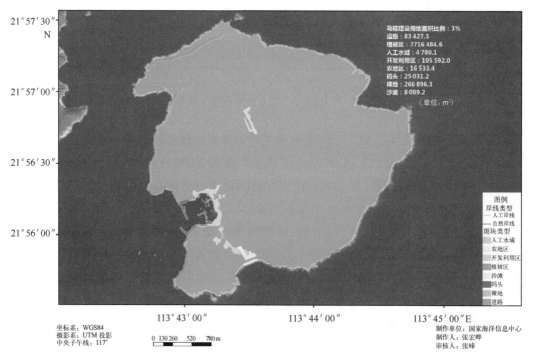

坐标系：WGS84
投影：UTM 投影
中央子午线：117°

0 130 260　520　780 m

制作单位：国家海洋信息中心
制作人：张宏晔
审核人：张峰

图 10.2-3　2016 年大万山岛开发利用现状

图 10.2-4　大万山岛垃圾外运

建有中水回用工程 1 处,中水回用量平均为 1 500 吨/年,同时还有太阳能和风能等新能源利用工程各 1 处。

二、生态指数评价

大万山岛 2016 年生态指数为 72.6,生态状况良好。

大万山岛植被覆盖率高,自然岸线保有率高,但周边海域水质较差,海岛生态系统较为稳定。海岛岛陆建设强度相对低,未实现污水 100% 处理,对海岛及周边海域的生态环境产生一定影响,垃圾处理率达 100%。海岛未制定相关规划。万山妈祖庙(又称天后宫)、浮石湾两处自然和历史人文遗迹得到了保护。2016 年,海岛未发生违法用海、用岛行为,未发生重大生态损害事故。

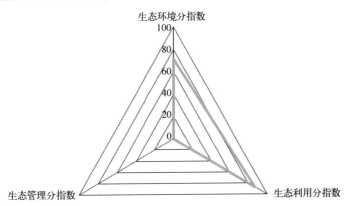

图 10.2-5　大万山岛生态指数评价

三、发展指数评价

大万山岛 2016 年发展指数为 82.7，在评估的 30 个海岛中排名第 17 位。

大万山岛单位面积财政收入处于中等水平，居民人均可支配收入处于较低水平，经济发展分指数得分较低，海岛经济发展实力较弱。海岛植被覆盖率、自然岸线保有率高于其他大多数海岛，海岛岛陆建设强度相对较低，周边海域水质达标率较低，污水处理率 60%，实现垃圾 100% 处理，生态环境分指数得分较高，海岛生态环境状况良好。大万山岛实现集中无限时供水、供电，防灾减灾能力一般，对外交通条件完善，满足生产、生活出行需求，每千名常住人口的公共卫生人员数较多，养老保险、医疗保险等社会保障全覆盖，社会民生指数得分高，社会民生整体发展水平较高。海岛教育设施齐全，小学数量符合国家标准，可满足海岛基础教育需求，人均拥有公共文化体育设施面积排名处于中等水平，文化建设分指数得分不高。大万山岛未制定相关规划，村规民约全覆盖，设置了警务机构，社区治理分指数得分较低。同时，大万山岛重视海岛品牌建设和历史人文遗迹保护，目前已获得 6 项省级以上荣誉称号，有多处自然和历史人文遗迹并采取了有效保护措施。2016 年，海岛未发生刑事案件、重大污染事故、生态损害事故、安全事故等。

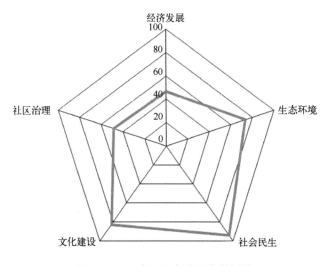

图 10.2-6　大万山岛发展指数评价

四、综合评价小结

大万山岛生态指数、发展指数得分均处于中等水平，反映出大万山岛生态环境整体状况良好，综合发展水平一般。周边海域水质较差、污水处理能力不强、规划管理能力薄弱、治安满意度不高等是海岛经济社会生态发展的制约因素。

第三节　桂山岛生态指数与发展指数评价

一、海岛概况

桂山岛隶属于广东省珠海市香洲区，是珠江口附近的远岸海岛，是广东省红色旅游示范基地、广东省卫生镇，为有居民海岛，户籍人口 1 254 人，常住人口 3 000 人。该岛原名垃圾尾，1950 年 5 月，中国人民解放军"桂山"号炮艇全体官兵在此岛登陆作战并光荣牺牲。为纪念"桂山"号，1954 年把此岛更名为桂山岛。

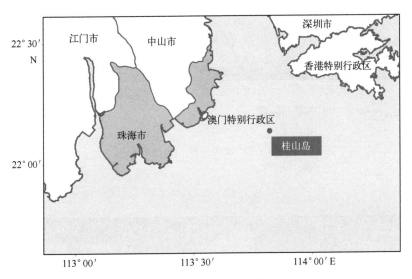

图 10.3-1　桂山岛地理位置

桂山岛面积为 4.8 km²，岸线类型主要为基岩岸线，岸线长 18 386.2 m，其中自然岸线长 8 444.1 km，人工岸线长 9 942.1 m，植被覆盖率 71.5% 以上。桂山岛具有丰富的景观资源，包括妈祖庙、"桂山舰"英雄登陆点、灯塔和海豚湾等。

桂山岛在海岛保护和开发工作中，坚持可持续发展理念，坚持生态修复和保护开发相结合，打造绿色和谐发展的精品海岛。2016 年实现地方财政收入 7 932 万元，居民人均可支配收入达 24 180 元。桂山岛实现垃圾和污水 100% 处理；实现集中无限时供水、供电；一号防波堤长度 450 m，防潮等级在 50 年一遇或以上标准；二号防波堤长度 800 m，防潮等级在 20 年一遇或以上标准。公共班船单日最多 8 班次，单船平均运力 200 人，班船进出港不受潮汐影响。岛上有 1 所医院，执业医师 3 人。养老保险覆盖率达 100%，医疗保险覆盖率达 100%。有 1 所小学，班级 6 个，学生 82 人；公共文化体育设施面积 14 000 m²。岛上设有珠海市公安局桂山派出所；村规民约全覆盖。岛上建有南方海上风电珠海桂山海上风电场工程。

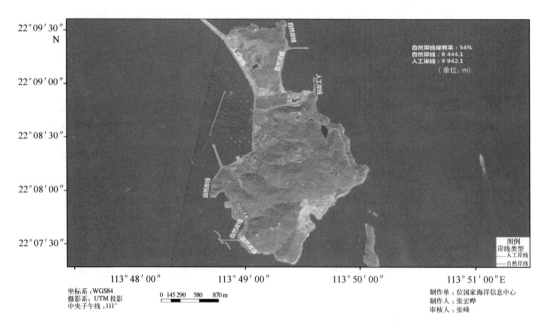

图 10.3-2　2016 年桂山岛岸线现状

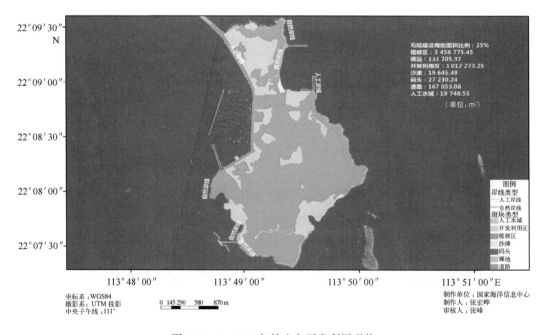

图 10.3-3　2016 年桂山岛开发利用现状

二、生态指数评价

桂山岛 2016 年生态指数为 67.2,生态状况良好。

桂山岛植被覆盖率较高,自然岸线保有率较低,周边海域水质较差,海岛生态环境分指数得分较低,海岛生态系统处于中等水平。海岛岛陆建设强度相对较低,实现了 100% 污水处理和垃圾处理,环境保护力度较大。海岛未制定海岛保护规划。桂山岛拥有桂山妈祖庙和万山海战桂山登陆点纪念碑两处历史人文遗迹并采取了有效保护措施。2016 年,海岛未发生违法用海、用岛行为,未发生重大生态损害事故。

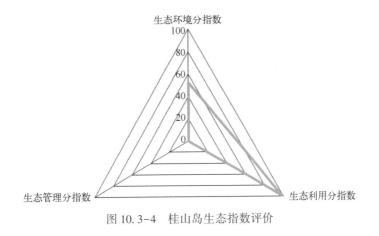

图 10.3-4 桂山岛生态指数评价

三、发展指数评价

桂山岛 2016 年发展指数为 81,在评估的 30 个海岛中排名第 19 位。

桂山岛单位面积财政收入较高,居民人均可支配收入处于中等水平,经济发展分指数得分较高,海岛经济发展有一定实力。海岛植被覆盖率较高,自然岸线保有率偏低、海岛岛陆建设强度相对较低,周边海域水质达标率较低,实现了污水和垃圾 100% 处理,生态环境分指数得分处于中等水平,海岛生态环境总体状况良好。桂山岛实现集中无限时供水供电,防灾减灾能力强,对外交通条件完善,满足生产、生活出行需求,养老保险、医疗保险等社会保障全覆盖,但每千名常住人口的公共卫生人员数低于当年全国平均值和其他大部分海岛,社会民生整体发展水平较高。海岛教育设施齐全,小学数量符合国家标准,满足海岛基础教育需求,人均拥有公共文化体育设施面积高于其他大部分海岛,文化建设分指数得分处于高水平。桂山岛未制定发展规划。岛上设置了警务机构,年度结案率达到 100%,村规民约全覆盖,但未制定发展规划,影响社区治理分指数得分。与此同时,桂山岛重视海岛品牌建设和历史人文遗迹保护,目前已获得 2 项省级以上荣誉称号,有 2 处历史人文遗迹。2016 年,海岛未发生刑事案件、重大污染事故、生态损害事故、安全事故等。

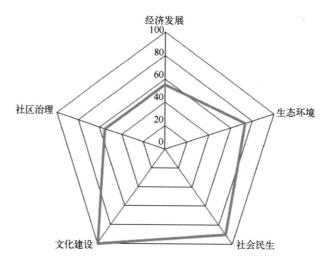

图 10.3-5　桂山岛发展指数评价

四、综合评价小结

桂山岛生态指数得分为中等水平、发展指数得分高，反映出桂山岛生态环境整体状况一般，综合发展水平高。医疗服务水平较低和未制定相关发展规划成为制约海岛经济社会发展的重要因素。

第四节　黄麖洲生态指数评价

一、海岛概况

黄麖洲隶属于广东省江门市台山市川岛镇，是江门市附近海域的沿岸海岛，无居民海岛。黄麖洲面积为 1.1 km²，岸线长 6.79 km，由基岩岸线、砾石岸线、砂质岸线和人工岸线等组成，以基岩岸线为主。其中自然岸线长 6.75 km，人工岸线长 0.04 km。植被覆盖率 90% 以上。

二、生态指数评价

黄麖洲 2016 年生态指数为 62.9，海岛生态状况中等。

黄麖洲生态环境分指数得分高，因为植被覆盖率、自然岸线保有率高，而且周边海域水质好。生态利用分指数得分低，主要因为该岛基本没有采取有效措施对垃圾和污水进行处理。该岛没有海岛保护规划，特色保护成效不显著。2016 年，海岛未发生违法用海、用岛行为，未发生重大生态损害事故。

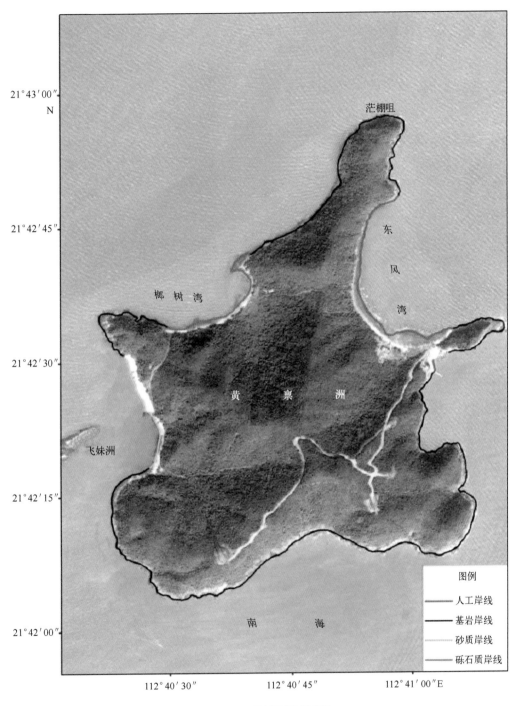

图 10.4-1 黄麖洲岸线现状

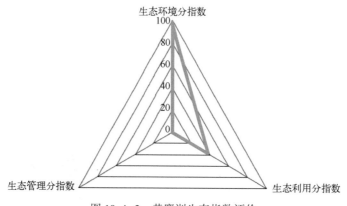

图 10.4-2 黄麞洲生态指数评价

第五节 海陵岛生态指数与发展指数评价

一、海岛概况

海陵岛隶属于广东省阳江市江城区海陵镇，是阳江市西南端的南海北部海域中的沿岸岛，集国家 5A 级旅游景区、国家级中心海港、"中国十大美丽海岛"之一、国家级海洋公园、"广东十大美丽海岛"之首等荣誉称号于一身，享有"南方北戴河"和"东方夏威夷"之美称，为有居民海岛，2016 年常住人口 9.8 万人。曾用名螺岛，该岛人民为纪念南宋张太傅而将该岛命名为海陵山岛；1949 年后，定该岛名为海陵岛。

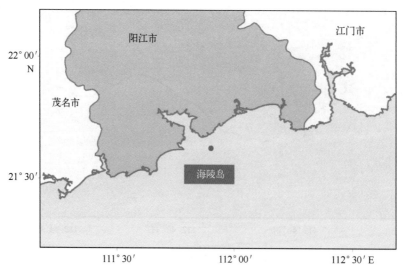

图 10.5-1 海陵岛地理位置

海陵岛面积为 107.3 km²，岸线长 87 390.1 m，其中自然岸线长 65 121.4 m，人工岸线长 22 268.7 m。海陵岛植被覆盖率 69.7%。海陵岛拥有天然海滩、海蚀地貌等丰富的自然景观资源以及太傅庙址和陵墓、古炮台等历史人文遗迹。广东海上丝绸之路博物馆位于海陵岛，是以"南海 I 号"宋代沉船保护、开发与研究为主题，以展示出水文物及水下考古现场发掘动态演示过程为特色的专题博物馆。

海陵岛已经制定并实施了《阳江市海陵岛总体规划》《海陵岛旅游总体规划》等发展规划，同时被纳入国家"十三五"旅游业发展规划。海陵岛充分发挥生态环境优势及自然景观、历史人文遗迹等旅游特色，坚持"以海兴岛，绿色发展"，重点打造国家全域旅游示范区，全力建设富美海陵。海陵岛旅游业发展势头强劲，旅游知名度和影响力不断增强，2016 年全年共接待游客 801.16 万人次，实现旅游收入 54.49 亿元；实现地方财政收入 5.82 亿元，居民人均可支配收入达 2.18 万元。海陵岛实现生活垃圾 100%处理，污水处理率为 80%；实现集中无限时供水、供电；建有 50 年一遇或以上标准的防潮堤 11.04 km。通过跨海大桥连接大陆，进出岛公交车单日最多可达 360 个班次，公共班船单日最多 8 个班次。海陵岛共有医院 4 所、卫生所 54 所，执业医师 110 人，医护人员 320 人。海陵岛养老保险覆盖率达 98%，医疗保险覆盖率达 100%。现有小学21 所，班级 160 个，学生 499 人；中学 1 所，班级 37 个，学生 1 606 人；公共文化体育设施面积达 241 240 m²。海陵岛设有公安分局，年度结案率达 100%，村规民约覆盖

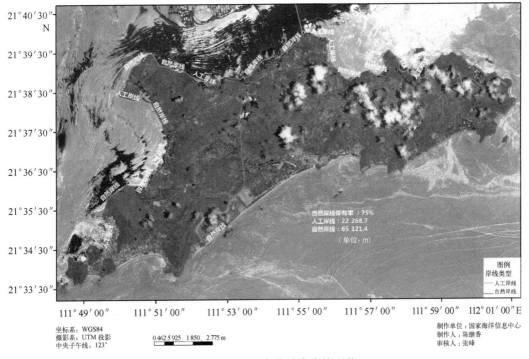

图 10.5-2　2016 年海陵岛岸线现状

约 80% 的行政村。近年来，海陵岛重点发展海岛旅游，形成了广东海上丝绸之博物馆、十里银滩、太傅墓和大角湾等知名旅游品牌。

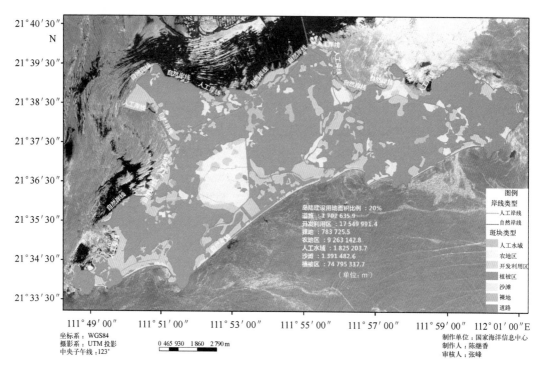

图 10.5-3　2016 年海陵岛开发利用现状

图 10.5-4　海陵岛十里银滩(左)和太傅墓(右)

二、生态指数评价

海陵岛 2016 年生态指数为 92.5，海岛生态稳定，海岛总体生态状况为优。

海陵岛植被覆盖率、自然岸线保有率较高，且周边海域水质较好，海岛生态环境状况具有显著优势和吸引力。海岛岛陆建设强度相对较低，实现了垃圾 100% 处理，但未实现污水 100% 处理，对海岛及周边海域的生态环境产生一定影响，有待进一步改进。在生态管理方面，已经制定并实施了城乡规划和发展规划，统筹海岛保护与开发，并对自然和历史人文遗迹等采取了有效保护措施。2016 年，海岛未发生违法用海、用岛行为，未发生重大生态损害事故。

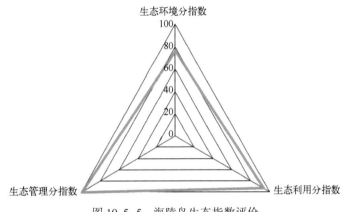

图 10.5-5　海陵岛生态指数评价

三、发展指数评价

海陵岛 2016 年发展指数为 101.9，在评估的 30 个海岛中排名第 1 位。

在经济发展方面，海陵岛滨海旅游业较为发达，财政收入水平高于沿海省（自治区、直辖市）单位面积财政收入水平，居民人均可支配收入接近沿海省（自治区、直辖市）平均水平，海岛经济发展实力较强。在海岛生态环境方面，海岛植被覆盖率、自然岸线保有率、周边海域水质达标率高于其他大多数海岛，海岛岛陆建设强度相对较低，实现垃圾 100% 处理，海岛生态环境状况良好；未实现污水 100% 处理，有待进一步改进。在社会民生方面，海陵岛有跨海大桥、电缆联通大陆，实现集中无限时供水、供电，对外交通条件完善，防灾减灾能力强，医疗卫生条件好，社会保障基本全覆盖。在文化建设方面，海陵岛中学、小学设置符合国家标准，满足海岛基础教育需求，人均拥有公共文化体育设施面积远高于全国平均水平。在社区治理方面，海陵岛已制定并实施了多个发展规划，并设置了警务机构，年度结案率达到 100%，需要改善的是村规民约尚未覆盖所有行政村。总体来看，海陵岛经济发展、生态环境、社会民生、文化建设和社区治理等各方面发展良好。

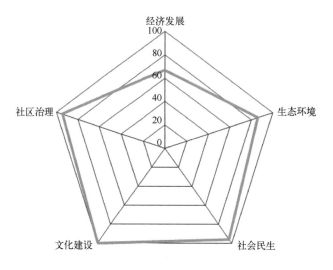

图 10.5-6　海陵岛发展指数评价

四、综合评价小结

作为旅游主导型海岛和"中国十大美丽海岛"之一，海陵岛经济实力较强，生态环境状况优，社会民生、文化建设、社区治理等各方面发展成绩突出。但是，海陵岛居民人均可支配收入距全国沿海平均水平还有一定差距，有待进一步提高；环境治理尤其是污水处理能力有待进一步加强，村规民约建设力度不够。

第六节　东海岛生态指数与发展指数评价

一、海岛概况

东海岛隶属于广东省湛江市麻章区，是湛江市东南端的沿岸岛，湛江市最大的海岛，拥有一条长 28 km 的"中国第一长滩"，有居民海岛，常住人口 20.4 万人。曾用名椹川岛、西湾岛、东海洲，1949 年后，因该岛处在遂溪县东南海中，故名东海岛。

东海岛面积为 311.4 km²，岸线长 222 030.1 m，其中自然岸线长 171 987.9 m，人工岸线长 50 040.2 m。东海岛植被覆盖率仅 6.5%。

有关部门已经制定了《广东省湛江市东海岛城市总体规划（2013—2030）》。东海岛实施"工业立区，以港兴区"的发展战略，重点发展化工和钢铁产业，兼顾海水养殖、农业种植和旅游业。2016 年，东海岛地方财政收入 9.42 亿元，居民人均可支配收入达 2.17 万元。东海岛生活垃圾处理率为 0，污水处理率为 71.26%；实现集中无限时

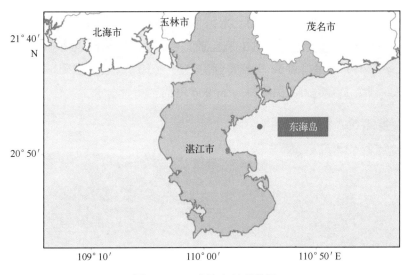

图 10.6-1　东海岛地理位置

图 10.6-2　2016 年东海岛岸线现状

供水、供电；防潮堤等级为 20 年一遇或以上标准。通过跨海大桥连接大陆，进出岛公交车单日最多达 600 个班次，公共班船单日最多达 100 个班次。东海岛共有医院 6 所、卫生所 76 所，执业医师 201 人，医护人员 80 人。东海岛养老保险和医疗保险实现 100% 全覆盖。东海岛现有小学 49 所，班级 376 个，学生 10 667 人；中学共 5 所，班

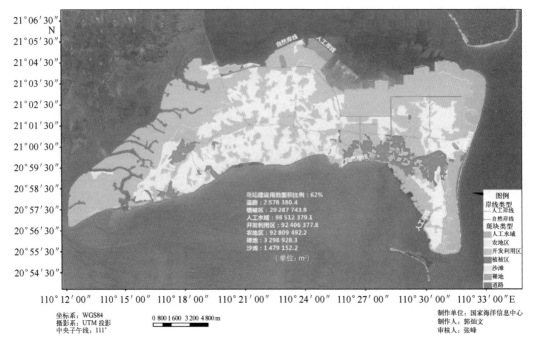

图 10.6-3 2016 年东海岛开发利用现状

图 10.6-4 东海人龙舞

级 126 个, 学生 5 785 人; 公共文化体育设施面积达 285 205 m²。东海岛设有多个警务机构, 年度结案率达 53% 以上。东海岛有 1 处中水回用工程, 年平均回用量 2 090.41万吨。东海岛的"东海人龙舞"被列入省级非物质文化遗产。

二、生态指数评价

东海岛 2016 年生态指数为 56.4，生态状况中等。

东海岛自然岸线保有率较高，但植被覆盖率极低，周边海域水质较差，海岛生态系统较为脆弱。海岛岛陆建设强度相对较高，有待进一步控制，污水处理率仅71.26%，垃圾处理率为 0，对海岛及周边海域的生态环境影响较大，有待进一步改进。海岛已经制定了城乡规划并实施，有利于海岛统筹保护，并对自然和历史人文遗迹实施了有效保护。2016 年，海岛未发生违法用海、用岛行为，未发生重大生态损害事故。

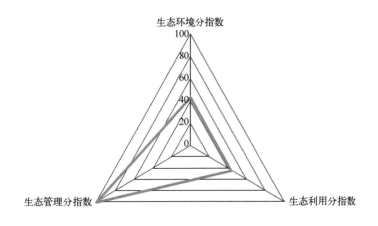

图 10.6-5 东海岛生态指数评价

三、发展指数评价

东海岛 2016 年发展指数为 78.1，在评估的 30 个海岛中排名第 22 位。

东海岛单位面积财政收入较高，居民人均可支配收入处于中等水平，海岛经济发展具有一定优势。在生态环境方面，海岛植被覆盖率极低，周边海域海水水质较差，海岛岛陆建设强度相对较高，未实现污水 100% 处理，垃圾处理率为 0，海岛生态环境状况有待改善。在社会民生方面，东海岛实现集中无限时供水、供电，防灾减灾能力强，对外交通条件完善，满足生产、生活出行需求，社会保障基本全覆盖，但每千名常住人口的公共卫生人员数偏低。在文化建设方面，中小学数量符合国家标准，满足海岛基础教育需求，人均拥有公共文化体育设施面积远高于全国平均水平。在社区治理方面，东海岛已制定并实施城乡规划，并设置了警务机构，年度结案率达到 53% 以上。同时，东海岛重视资源循环利用和历史人文遗迹保护，目前已开展中水回用工程，对 2 处自然和历史人文遗迹实施了有效保护。2016 年，海岛未发生刑事案件、重大污染事故、生态损害事故、安全事故等。

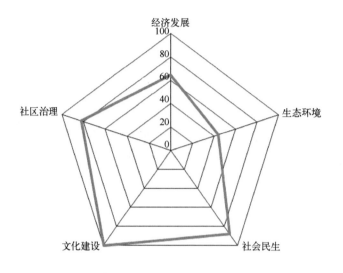

图 10.6-6　东海岛发展指数评价

四、综合评价小结

东海岛是工业主导型海岛，生态状况中等，发展指数排名偏低，反映出东海岛生态环境状况有待进一步改善，综合发展水平不高。生态环境质量较低，植被覆盖率极低，周边海域水质较差，海岛开发利用强度偏大，环境治理能力偏弱，医疗卫生条件较为薄弱等是制约海岛生态环境状况和综合发展的主要因素。

第七节　涠洲岛生态指数与发展指数评价

一、海岛概况

涠洲岛隶属于广西壮族自治区北海市海城区，位于北部湾内，属于近岸海岛，是乡镇级有居民海岛。涠洲镇下辖 11 个行政村，53 个自然村，2016 年年末常住人口 14 000 人。因海岛四面八方被海水环绕，在清朝抗击法国侵略者入侵北海的斗争中起了不可替代的天然屏障作用，像一块篱笆将敌人拒之门外，故名涠洲岛。

涠洲岛是我国最大的第四纪火山岛，面积为 25.1 km²，岸线长 28 969.5 m，其中自然岸线长 23 544.4 m，以砂质岸线为主，基岩岸线次之，人工岸线长 5 425.1 m，植被覆盖率 70.5%。火山地貌是涠洲岛的特色景观，包括火山碎屑岩台地和火山口，充分展示了我国最大、最年轻的火山岛的魁伟与美丽，典型的火山构造记录了最完

海岛生态指数和发展指数评价指标体系设计与验证

整的多期火山活动。2004年，涠洲岛火山地质公园被列入国家级地质公园。涠洲岛海蚀地貌也独具特色，有海蚀崖、海蚀穴、海蚀桥、海蚀柱、海蚀龛、海蚀阶地等复杂多样的类型。涠洲岛是我国珊瑚礁生长纬度最高的地区，在海岛的北部、东部和西南部都发育有珊瑚礁坪。涠洲岛还是亚洲大陆与东南亚、澳大利亚之间鸟类迁徙路线的重要驿站，已建成涠洲岛鸟类自然保护区，内有野生陆栖脊椎动物211种，占广西陆栖脊椎动物的23.9%，生物多样性极高。保护区内有国家重点保护动物25种，黑鹳和中华秋沙鸭是国家一级重点保护动物。涠洲岛人文景观丰富，有盛塘天主教堂、城仔圣母堂等人文景观，"三婆信俗"还列入自治区非物质文化遗产。

　　有关部门先后制定并实施了《涠洲岛旅游区发展规划》《涠洲岛旅游区总体规划》和《北海市涠洲国际休闲度假岛重点片区控制性详细规划》。农渔业是涠洲岛传统产业，当前主要向以农渔业为基础，大力发展海岛旅游业，适度发展工业的产业结构转变。2015年接待游客72.4万人次，实现旅游总收入4.7亿元；2016年接待游客86.34万人次，实现旅游总收入5.61亿元。2016年，涠洲岛居民人均可支配收入21 904元。目前，涠洲岛实现生活垃圾和污水100%集中处理。全岛通过海底电缆由大陆供电，通信100%覆盖；涠洲岛淡水资源丰富，由涠洲水厂为全岛居民统一供水。通过交通班船往返大陆，每天公共班船最多可达20余个班次。现有小学4所、中学1所，学生800余名。有医院1所，医疗保险和养老保险覆盖率分别为97%、93%。涠洲岛是"中国最美十大海岛"、国家4A级旅游景区、广西生态旅游示范区。

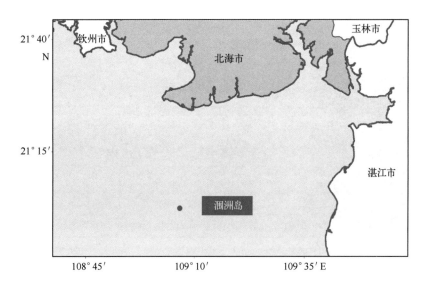

图 10.7-1　涠洲岛地理位置

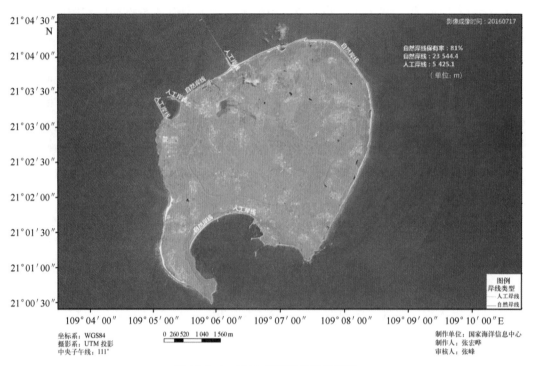

图 10.7-2　2016 年涠洲岛岸线现状

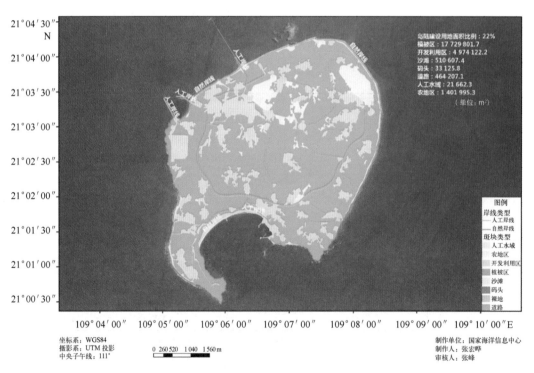

图 10.7-3　2016 年涠洲岛开发利用现状

二、生态指数评价

涠洲岛 2016 年生态指数为 100.1，海岛生态系统稳定，总体生态状况优。

涠洲岛生态指数各评价指标均得分较高，总体表现良好。涠洲岛重视生态保护与建设，植被覆盖率高，周边海域海水水质优良，除海岛必要的码头附近为人工岸线外，其他均为自然岸线。岛陆建设强度较适宜，环境保护设施建设能够满足需要，海岛的生产活动对海岛生态环境的影响小。在海岛的生态保护方面，涠洲岛制定并实施了保护与发展规划，对岛上的珍稀濒危生物及栖息地、珊瑚礁、独特的火山地貌和海蚀地貌采取了有效的维护和保护措施。

2016 年，海岛未发生违法用海、用岛行为，未发生重大生态损害事故。

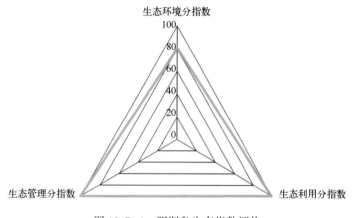

图 10.7-4　涠洲岛生态指数评价

三、发展指数评价

涠洲岛 2016 年发展指数为 90，在评估的 30 个海岛中排名第 8 位。

在经济发展方面，涠洲岛的财政收入水平略高于沿海省（自治区、直辖市）单位面积财政收入水平，居民的人均可支配收入远低于沿海省（自治区、直辖市）水平，经济实力相对较弱。在海岛生态环境方面，海岛自然岸线保有率、垃圾处理率和岛陆建设面积比例及周边水质得分较高，生态环境总体良好，植被覆盖率较高，实现污水、垃圾 100%处理。社会民生方面，涠洲岛供电、供水、海岛交通等基础设施完备，满足海岛需要；社会保障参保率高，但医疗卫生人员不足。在文化建设方面，涠洲岛拥有小学、中学各 1 所，满足海岛教育需要，建有文化体育场地（馆），设施面积 35 000 m²，人均拥有量远高于我国平均水平。在社区治理方面，规划管理、村规民约建设及社会治安满意度均表现良好。综合分析，涠洲岛经济发展相对较弱，生态环境、社会民生、文化建设和社区治理方面发展良好。

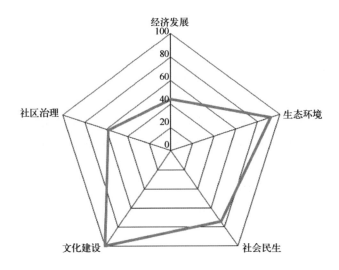

图 10.7-5　涠洲岛发展指数评价

四、综合评价小结

作为"中国十大美丽海岛"之一，以建设宜居宜游型海岛为目标，涠洲岛在生态环境方面具有较大的优势，社会民生和文化建设方面也具有较好的基础。但是，居民收入不高、陆岛交通不便、防灾能力偏弱等不足制约海岛的发展。

第八节　龙门岛生态指数与发展指数评价

一、海岛概况

龙门岛隶属于广西壮族自治区钦州市钦州港经济技术开发区，位于茅尾海中部，属于沿岸海岛，是乡镇级有居民海岛。龙门港镇下辖 4 个行政村，其中 2 个行政村，4 个自然村位于龙门岛上，2016 年年末常住人口 6 452 人。因为岛上山脉自西向东蜿蜒如龙状，前屏两旁山头东西对峙如门，扼茅尾海、钦州湾之出口，故名。

龙门岛面积为 1.3 km²，岸线长 10 346.8 m，其中自然岸线长 5 861 m，以基岩海岸为主，人工岸线长 4 485.8 m，植被覆盖率 26.1%。龙门岛拥有"玉井流香"、申葆藩故居、景公庙等历史人文景观。

有关部门已经制定并实施了《钦州市钦南区龙门港镇总合规划》。作为广西三大渔港之一，龙门岛充分发挥区位和资源优势，积极打造现代农渔型美丽海岛，重点发展海洋捕捞业和海水养殖业，2016 年，居民人均可支配收入 11 500 元。基础设施方面，龙门岛实现了生活垃圾 94.5% 处理，全岛供电、供水、通信 100% 覆盖，尚未有污水处理设施。海岛与大陆已通过堤坝相连，每天进出岛的公交车有 10 个班次，另有 10 个班次交通班船往返大陆。现有小学 1 所，初级中学 1 所，学生共 652 名。有医院 1 所，医疗保险覆盖率 78.3%，养老保险覆盖率 34.5%。龙门岛有"全国文明渔港""广西大蚝之乡"等荣誉称号。

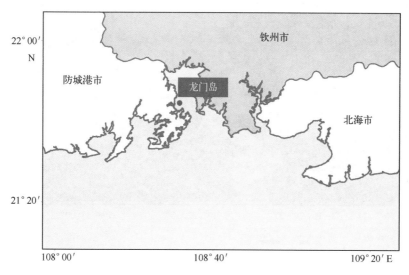

图 10.8-1　龙门岛地理位置

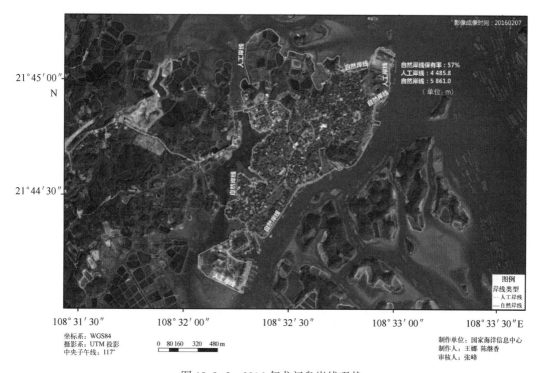

图 10.8-2　2016 年龙门岛岸线现状

岛陆建设用地面积比例：74%
道路：23 489.9
开发利用区：800 735.5
裸地：5 744.9
人工水域：134 536.2
植被区：339 787.9

（单位：m²）

图例
岸线类型
人工岸线
自然岸线
斑块类型
人工水域
开发利用区
植被区
裸地
道路

21°45′00″N

21°44′30″

108°31′30″ 108°32′00″ 108°32′30″ 108°33′00″ 108°33′30″E

坐标系：WGS84
摄影系：UTM 投影
中央子午线：117°

0 80 160   320   480m

制作单位：国家海洋信息中心
制作人：王娜 陈继香
审核人：张峰

图 10.8-3 2016 年龙门岛开发利用现状

二、生态指数评价

龙门岛 2016 年生态指数为 46.6，海岛生态系统较差，总体生态状况差。

龙门岛自然岸线保有率不高，周边海域海水水质较差，植被覆盖率也较低。由于龙门岛是龙门港镇政府所在地，人口密集，建设集中，就单岛而言，岛陆建设强度大，环境保护设施建设未能满足需要，没有污水处理设施，垃圾处理率也尚未达到 100%，对海岛生态环境的影响大，亟待改进。在海岛的生态保护方面，已经制定了乡级规划并实施，积极实施和推进海岛生态保护工作。2016 年，海岛未发生违法用海、用岛行为，未发生重大生态损害事故。

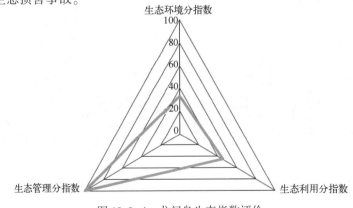

图 10.8-4 龙门岛生态指数评价

三、发展指数评价

龙门岛 2016 年发展指数为 68.6，在评估的 30 个海岛中排名第 28 位。

在经济发展方面，龙门岛的财政收入水平接近沿海省（自治区、直辖市）单位面积财政收入水平，居民的人均可支配收入远低于沿海省（自治区、直辖市）水平，经济实力相对较弱。在海岛生态环境方面，海岛植被覆盖率、自然岸线保有率等得分均不高，岛陆建设强度相对较高，且海岛周边水质、污水处理率得分均较低，海岛生态环境较差。社会民生方面，龙门岛基础设施、防灾减灾能力较强，岛陆交通基础设施满足需求；社会保障参保率高，但医疗卫生人员不足。在文化建设方面，龙门岛拥有小学、中学各 1 所，满足海岛教育需要，但公共文化体育场地（馆）数量较少，人均拥有量远低于我国平均水平。在社区治理方面，规划管理、村规民约建设及社会治安满意度均表现良好。综合分析，龙门岛经济发展、生态环境相对较弱，社会民生和社区治理方面发展较好。

四、龙门岛综合评价小结

综上所述，龙门岛生态指数得分处于中等水平，发展指数得分低，反映出龙门岛生态环境整体状况一般，综合发展水平差。海岛经济基础薄弱，环境问题突出，是制约海岛全面、协调发展的重要因素。

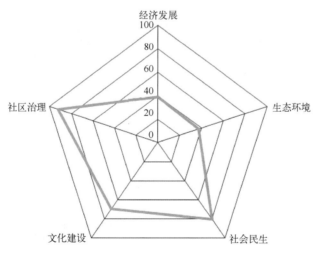

图 10.8-5　龙门岛发展指数评价

第九节　仙人井大岭生态指数评价

一、海岛概况

仙人井大岭隶属于广西壮族自治区钦州市钦南区，位于茅尾海七十二泾，属于沿岸

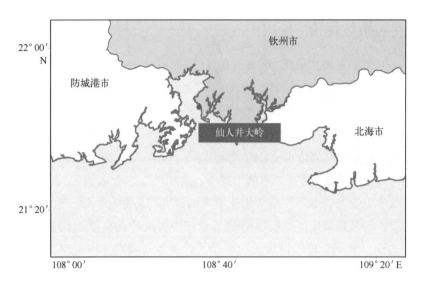

图 10.9-1　仙人井大岭地理位置

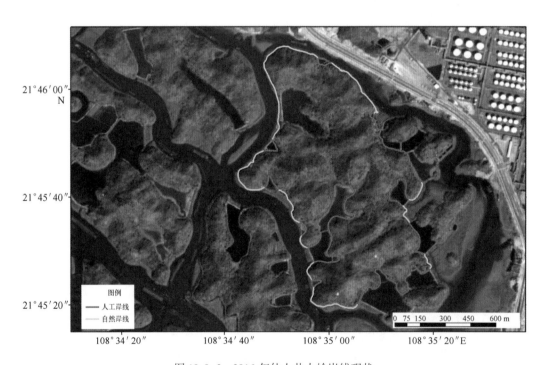

图 10.9-2　2016 年仙人井大岭岸线现状

海岛，是未开发利用的无居民海岛。因岛东南有井，传说曾有仙人在井冲凉，因此得名。

　　仙人井大岭面积为 0.8 km²，岸线长 6 921.6 m，其中自然岸线长 2 799.5 m，人工岸线长 4 122.1 m，植被覆盖率 94.2%。岛体底层由灰色页岩和白色粉砂岩构成，岛上无淡水。基岩海岸，岸线稳定。

　　仙人井大岭是钦州七十二泾中面积最大的海岛，《钦州市海岛保护规划》《七十二泾区域用岛规划》等相关规划将该岛定位为旅游娱乐用岛,《全国生态岛礁工程十三五规划》也将该岛定位为宜居宜游型海岛。国家与地方政府曾多次投入资金实施该岛的生态整治修复。

二、生态指数评价

仙人井大岭2016年生态指数为76.9,海岛本底生态系统较为稳定,总体生态状况良。

仙人井大岭植被覆盖率得分较高,但自然岸线及周边海域水质得分较低。海岛岛陆建设强度较低,污水与垃圾处理率得分较高。作为拟重点开发的海岛,有关部门对仙人井大岭制定了相关规划并实施,积极推进了海岛生态整治修复工程。

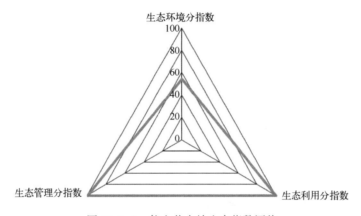

图 10.9-3　仙人井大岭生态指数评价

第十节　新埠岛生态指数与发展指数评价

一、海岛概况

新埠岛隶属于海南省海口市美兰区新埠镇,是琼州海峡南面的沿岸岛,设有新埠经济开发区,有居民海岛,常住人口1.8万人。新埠岛面积为8.4 km²,岸线长20 347.4 m,其中自然岸线长6 918.4 m,人工岸线长13 428.9 m。新埠岛植被覆盖率仅9.9%。

有关部门已经制定并实施了《海口市新埠岛总体规划方案》《海口市新埠岛控制性详细规划》和《新埠岛起步区修建性详细规划》。新埠岛主要产业为渔业,目前正积极向以游艇、休闲渔业为主的滨海旅游转型发展。2016年实现地方财政收入92.06亿元,居民人均可支配收入25 181元。新埠岛实现生活垃圾100%处理,集中无限时供水、供电,污水处理率达90%;海岛东、西、北部,建有长度13 861 m、防潮等级在50年一遇或以上标准的防潮堤。新埠岛与大陆以大桥联通,进出岛公交车单日最多班次达

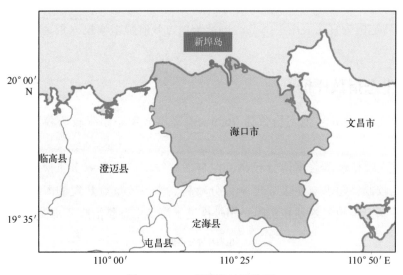

图 10.10-1　新埠岛地理位置

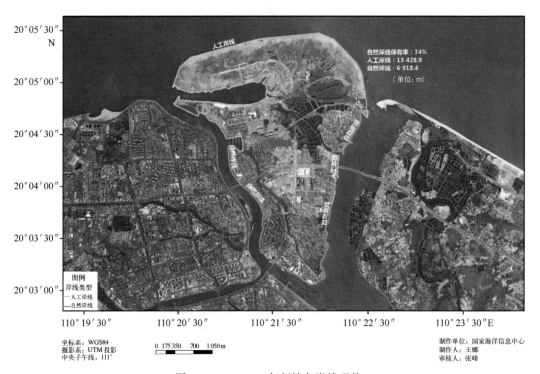

图 10.10-2　2016 年新埠岛岸线现状

122 班次，单车平均运力达 35 人。现有卫生所 7 个，配备医护人员 30 人；养老保险覆盖率和医疗保险覆盖率均达到 100%；有小学 2 所，班级 12 个，学生 500 人；有中学 1 所，班级 6 个，学生 350 人；公共文化体育设施面积为 3 800 m²。新埠岛设有新埠边防派出所。

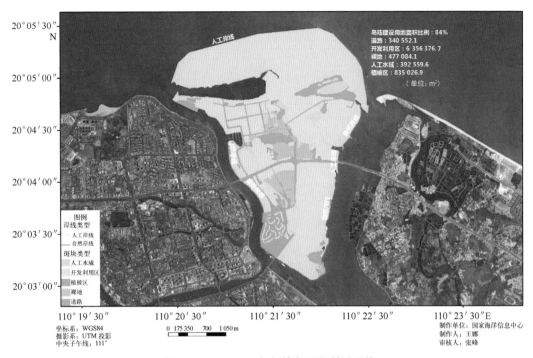

图 10.10-3　2016 年新埠岛开发利用现状

图 10.10-4　新埠岛海鲜大世界（左）和游艇码头（右）

　　近年来，海洋管理部门重视海岛巡查执法和海岛水质监测。在海岛巡查执法方面，开展海岛环境保护专项执法工作，每月定期对海岛周边海域进行巡查，坚决查处海上采砂、非法倾废、非法养殖等损害海洋环境的行为。在海岛水质监测方面，对海岛近岸海域及入海排放口等功能区域实施了专项监测，确保对海岛周边海域海洋环境质量实施有效监控。

二、生态指数评价

新埠岛 2016 年生态指数为 57.9，海岛生态状况中等。

新埠岛周边海域水质好，但海岛植被覆盖率、自然岸线保有率偏低，海岛生态
环境状况有待改善。海岛岛陆建设强度较高，而且未实现污水 100% 处理，对海岛
及周边海域的生态环境产生较大影响。新埠岛已经制定了城乡规划并实施，对海岛开
发进行了统筹安排。2016 年，海岛未发生违法用海、用岛行为，未发生重大生态损害
事故。

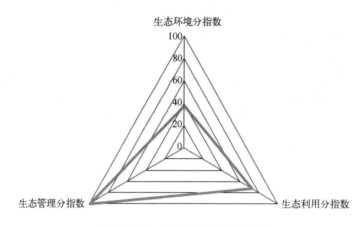

图 10.10-5　新埠岛生态指数评价

三、发展指数评价

新埠岛 2016 年发展指数为 75.2，在评估的 30 个海岛中排名第 23 位。

新埠岛的财政收入远高于沿海省(自治区、直辖市)平均水平，居民人均可支配收
入虽低于沿海省(自治区、直辖市)平均水平，但高于其他大部分评估海岛，海岛经济
发展实力较强。在生态环境方面，周边海域水质均达到清洁海水标准，但海岛植被覆
盖率、自然岸线保有率偏低，海岛岛陆建设强度较高，未实现污水 100% 处理，有待
进一步改进。在社会民生方面，新埠岛实现集中无限时供水、供电，对外交通条件完
善，满足生产、生活出行需求，防灾减灾能力强，养老保险、医疗保险等社会保障实
现全覆盖，但每千名常住人口的公共卫生人员数偏低。在文化建设方面，中小学设置
符合国家标准，海岛教育设施齐全，能满足海岛基础教育需求，但人均拥有公共文化
体育设施面积偏低。在社区治理方面，已制定并实施了多个发展规划，村规民约覆盖
所有行政村；虽设置了警务机构，但年度结案率偏低。2016 年，海岛未发生刑事案件、
重大污染事故、生态损害事故、安全事故等。

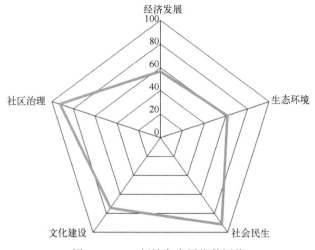

图 10.10-6 新埠岛发展指数评价

四、综合评价小结

新埠岛正处于由传统渔业向滨海旅游业转型的过渡期，在海岛经济发展方面具有一定的优势。但植被覆盖率、自然岸线保有率低，海岛开发利用强度偏高，环境治理能力有待进一步提升，医疗卫生条件有待提升，公共文化体育设施投入不够，社会治安满意度不高等是制约海岛发展的主要因素。

第十一节 分界洲岛生态指数评价

一、海岛概况

分界洲岛隶属于海南省陵水黎族自治县光坡镇，是沿岸岛，为中国首家 5A 级海岛旅游景区，获"海南最具影响力的知名旅游专项品牌"称号，是无居民海岛。曾用名加摄屿，因从远处望去，分界洲岛犹如仰卧在海上的美女，又名睡美人岛或观音岛；该岛地处陵水县与万宁市海域分界处，又与牛岭组成海南岛南北分界线，因此又被称为分界洲。

分界洲面积为 0.3 km²，岸线长度为 2 704 m，其中自然岸线长 2 330.3 m，人工岸线长 373.7 m，植被覆盖率 54%。分界洲拥有洁净的沙滩和丰富的海洋生态资源，适宜潜水、观赏海底世界。

已经制定并实施了《分界洲岛保护和利用规划》，明确了海岛保护与开发利用总体方向。分界洲重点发展海岛旅游，近年来，海岛旅游业发展势头强劲，旅游知名度和影响力不断增强，接待游客人数逐年增长。分界洲实现生活垃圾、污水 100% 处理；

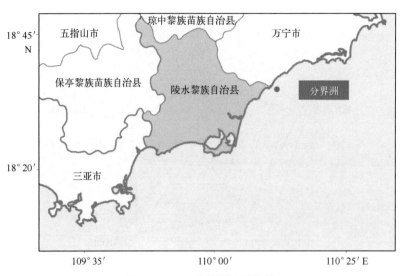

图 10.11-1 分界洲地理位置

实现集中无限时供水、供电，有固定班船通往大陆，公共班船单日最多 16 班次，单船平均运力 250 人。分界洲共有卫生所 1 所，医护人员 3 人，养老保险覆盖率、医疗保险覆盖率均达 100%，设有派出所。分界洲滨海旅游极具特色，拥有潜水、海钓、海底观光、海底婚礼等极富吸引力的旅游项目。

二、生态指数评价

分界洲 2016 年生态指数为 87.9，海岛生态系统总体状况优。分界洲植被覆盖率较高，自然岸线保有率高，且周边海域水质较好，表明海岛生态系统稳定，海岛生态环境保护卓有成效。分界洲岛陆建设强度相对较低，实现了垃圾和污水 100% 处理。同时，编制并实施了单岛保护规划。

2016 年，海岛未发生违法用海、用岛行为，未发生重大生态损害事故。

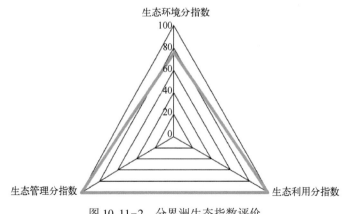

图 10.11-2 分界洲生态指数评价

第十二节 晋卿岛生态指数评价

一、海岛概况

晋卿岛隶属于海南省三沙市永乐群岛，是西沙群岛东北面弧形礁盘上的远岸岛。曾用名伏波岛、都兰莽岛，因纪念明成祖时三佛齐宣慰使施晋卿而得名。晋卿岛面积为 0.2 km²，岸线长 2 066.6 m，全部为自然岸线。晋卿岛植被覆盖率为 68.4%。

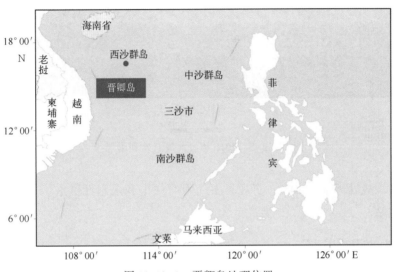

图 10.12-1 晋卿岛地理位置

图 10.12-2 2016 年晋卿岛岸线现状

229

坐标系: WGS84
摄影系: UTM 投影
中央子午线: 111°

0 25 50   100   150 m

制作单位: 国家海洋信息中心
制作人: 范诗玥
审核人: 张峰

图 10.12-3   2016 年晋卿岛开发利用现状

晋卿岛垃圾处理率为 40%, 实现集中无限时供电和限制性供水。晋卿岛设有边防派出所工作站。

二、生态指数评价

晋卿岛 2016 年生态指数为 73.7, 生态系统总体状况良。

晋卿岛植被覆盖率较高, 岸线全部为自然岸线, 且周边海域水质好, 表明海岛本底生态系统稳定, 海岛生态环境保护卓有成效, 海岛生态环境状况具有显著优势和吸引力。晋卿岛环境治理能力薄弱, 投入不足, 主要表现在垃圾处理率仅为 40%, 无污水处理设施, 对海岛生态环境具有潜在的影响。2016 年, 海岛未发生违法用海、用岛行为, 未发生重大生态损害事故。环境保护成为制约海岛生态建设的重要因素。

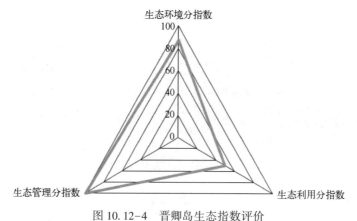

图 10.12-4   晋卿岛生态指数评价

参考文献

北京师范大学经济与资源管理研究院, 西南财经大学发展研究院, 国家统计局中国经济景气监测中心. 2014. 中国绿色发展指数报告——区域比较. 北京: 科学出版社.

陈高, 等. 2005. 综合构成指数在森林生态系统健康评估中的应用. 生态学报, 25(7): 1725-1733.

郭慧文, 严力蛟. 2016. 城市发展指数和生态足迹在直辖市可持续发展评估中的应用. 生态学报, 36 (14): 4288-4297.

环境保护部. 2014. 国家生态文明建设示范村镇指标(试行). http://www.zhb.gov.cn/gkml/hbb/bwj/ 201401/t20140 126_266962.htm[2014-01-17].

环境保护部. 2015. 生态环境状况评价技术规范(HJ 192—2015).

李世东, 张大红, 李智勇. 2005. 生态综合指数初步研究. 世界林业研究, 18(5): 5-8.

李世东, 张大红, 翟洪波. 2006. 生态综合指数及其在生态状况评估中的应用研究. 自然资源学报, 21 (5): 782-789.

刘志国, 等. 2013. 海洋健康指数及其在中国的应用前景. 海洋开发与管理, (11): 58-63.

王备新, 杨莲芳, 刘正文. 2006. 生物完整性指数与水生态系统健康评价. 生态学杂志, 25(6): 707- 710.

王为木, 蔡旺炜. 2016. 生物完整性指数及其在水生态健康评价中的应用进展. 生态与农村环境学报, 32(4): 517-524.

魏后凯, 潘晨光. 2016. 中国农村发展报告——聚焦农村全面建成小康社会. 北京: 中国社会科学出版社.

吴海燕, 等. 2013. 基于不同生物指数的罗源湾生态环境质量状况评价. 应用生态学报, 24(3): 825-831.

肖风劲, 等. 2003. 森林生态系统健康评价指标及其在中国的应用. 地理学报, 58(6): 803-809.

肖风劲, 欧阳华. 2002. 生态系统健康及其评价指标和方法. 自然资源学报, 17(2): 203-209.

徐涵秋. 2013. 城市遥感生态指数的创建及其应用. 生态学报, 33(24): 7853-7862.

颜利, 王金坑, 黄浩. 2008. 基于PSR框架模型的东溪流域生态系统健康评价. 资源科学, 30(1): 107-113.

杨建强, 等. 2003. 莱州湾西部海域海洋生态系统健康评价的结构功能指标法. 海洋通报, 22(5): 58-63.

易昌良. 2016. 2015中国发展指数报告. 北京: 经济科学出版社.

叶属峰, 刘星, 丁德文. 2007. 长江河口海域生态系统健康评价指标体系及其初步评价. 海洋学报, 29
　　(4)：128-136.

《中国海岛志》编纂委员会. 2013. 中国海岛志(辽宁卷 第一册). 北京：海洋出版社.

《中国海岛志》编纂委员会. 2013. 中国海岛志(山东卷 第一册). 北京：海洋出版社.

《中国海岛志》编纂委员会. 2013. 中国海岛志(江苏、上海卷). 北京：海洋出版社.

《中国海岛志》编纂委员会. 2013. 中国海岛志(浙江卷 第一册). 北京：海洋出版社.

《中国海岛志》编纂委员会. 2013. 中国海岛志(福建卷 第三册). 北京：海洋出版社.

《中国海岛志》编纂委员会. 2013. 中国海岛志(广东卷 第一册). 北京：海洋出版社.

《中国海岛志》编纂委员会. 2013. 中国海岛志(广西卷). 北京：海洋出版社.

中国经济网. 2016. "国民海洋意识发展指数评价指标体系" 正式发布. http：//finance.ifeng.com/a/
　　20160625/14526853_0. shtml[2016-06-25].

中华人民共和国环境保护部. 2015. 全国生态环境质量报告(2014 年).

周彬, 等. 2015. 自然保护区旅游生态健康评价指标与评价模型——以黑龙江省白头鹤自然保护区为
　　例. 林业资源管理, (5)：145-150.

朱卫红, 等. 2012. 图们江下游湿地生态系统健康评价. 生态学报, 32(21)：6609-6618.

海岛生态指数和发展指数评价指标体系设计与验证